U0957601

普通高等教育艺术设计专业“十二五”规划教材

景观艺术设计

LANDSCAPE ARCHITECTURE

丁山 曹磊 编著

中国林业出版社

图书在版编目（CIP）数据

景观艺术设计 / 丁山，曹磊编著. —北京：中国林业出版社，2011.6
普通高等教育艺术设计专业“十二五”规划教材
ISBN 978-7-5038-5937-3

Ⅰ. ①景… Ⅱ. ①丁… ②曹… Ⅲ. ①景观－园林设计－高等学校－教材 Ⅳ. ①TU986.2

中国版本图书馆CIP数据核字（2010）第188543号

策划编辑：杜　娟
责任编辑：杜　娟　吴　卉
中国林业出版社 · 教材出版中心
电　　话：（010）83221489　83220109　传　　真：（010）83220109
E-mail：jiaocaipublic@163.com

出版发行：中国林业出版社
（100009 北京西城区德内大街刘海胡同7号）
电　话：（010）83224477
经　　销：新华书店
制　　版：北京美光制版有限公司
印　　刷：北京利丰雅高长城印刷有限公司
版　　次：2011年7月第1版
印　　次：2011年7月第1次
开　　本：889mm × 1194mm　1 / 16
印　　张：9.25
字　　数：339千字
定　　价：49.00元

景观艺术设计 LANDSCAPE ARCHITECTURE

前言
FOREWORD

自弗里德里克·奥姆斯特德（Frederick Law Olmsted，1822－1903）在纽约中央公园规划方案上写下自己的职业是Landscape Architect时，景观设计（Landscape Architecture）行业就出现在世人面前。

景观设计不同于造园（Gardening），风景式造园（Landscape Gardening），它从场地方面跳出花园的藩篱，开始关注大尺度城市环境的改善和建设，以及城郊区域的生态整治；在方法上重视设计过程的科学研究，并致力于多学科合作完成规划设计任务；在表达上不再片面强调视觉效果，而将设计过程看做技术与艺术的融合，致力于永续利用自然，为人类营建宜人的生活环境。

从最初的“生活的艺术”到现在的“生存的艺术”，景观设计走过了100多年的历程。在世界范围看，经历了两次世界大战，景观设计行业在各国都存在一段时间的低谷，随后迎来复兴。欧美发达国家如法国、荷兰、德国、美国无论是在理论、实践、教育等方面依然位列行业前沿地位。中国的景观设计行业在建国后走过了一段坎坷的经历，从“大地园林化”到“城市绿化”，无一不是片面强调景观设计的生态价值而忽视艺术价值。景观设计行业真正的长足发展是在二十世纪八九十年代后，随着城市的发展，人民生活的富裕，对城市生活品质的要求大幅提高，大量建设项目如雨后春笋般出现，因而也需要大量的从业人员。南京林业大学艺术设计学院一直以来，不断为社会输送了大量专业人才。

笔者在南京林业大学从事景观设计教学与研究工作，在十多年的教学过程中，深感设计类相关教材对于本科教学的重要性，因此集中精力编写了本书作为环境艺术设计、城市景观设计、风景园林设计相关专业的教材。本书从景观设计的发展概况切入，继而介绍景观设计的理念和原则、程序和方法，讲解景观设计的基础知识，并将景观设计元素分解为地形、水体、植物和小品与构筑物四类分别举例，系统讲述其设计方法。在此基础上，本书通过专题方式，系统介绍广场、道路、公园、商业步行街、居住区、滨水六类用地的景观设计方法，并辅以实例。

希望通过以上内容，能使读者对于景观艺术设计方法形成基本认识，掌握景观艺术设计的原则和技巧。正所谓设计“有法无式”，若要成为一个好的景观设计师，需要读者在理解书中的“法”之后，继续研究“式”之所在。

感谢参与本书大量图片与文字搜集整理工作的教师：黄滢、朱一、吴曼、缪菁、赵晨阳、湛磊、李元媛、张旸、庄佳、叶洁楠、赵婧，在此向他们的辛勤工作致以感谢。

丁山

2011年2月

景观艺术设计
LANDSCAPE ARCHITECTURE

目 录
CONTENTS

目 录/CONTENTS

1 概述

人类的生存离不开自然，在长期的生存与发展过程中，人类不仅充分地利用自然，而且还学会了改造自然，让自然环境更加适合人们的生存需求。人们不仅从自然环境提供的基本功能中得到实惠，更努力去尝试获得新的体验，带来更多的身心愉悦并满足快感。人类所创造的城市、乡村、街道、建筑及公共空间景观，在不断的变化与发展中已经成为了一种文化的积累，丰富了人类生存空间的美学意境，是人类创造的文明中与自身关系最密切的成果与遗产。

人类拥有了地球，应使之进一步发展成为一个舒适的生存环境。但是，工业革命在给城市带来财富的同时也带来了环境的污染和人文的破坏，在向工业化都市转型的过程中，传统的文化环境、优美的自然景观以及人与自然美好的传统格局受到极大的破坏。混乱的高速公路，无序蔓延的城郊，拥挤的城市，身体和精神被禁锢在自己建造的机械环境中。在生活空间、城市、道路等处于复杂化的情况下，文明陶醉于机械的力量、新的建筑技术和材料，却忽视了人类的需要，违背了其深层的本能，从自然中分离出来。正是基于这种情况，研究人与环境的关系，用科学的、艺术的手段创造设计出人与自然相和谐的景观，是景观设计研究的重要课题。

1.1 景观设计的概念和内涵

景观（Landscape）的概念在学界和业界有着不同的定义和理解。有一部分学者认为景观设计是建筑学学科的延伸，因为景观设计专业作为一门独立的学科出现的时间并不长，在以往，很多景观设计项目往往由建筑师来完成；另外一些学者和专业人士则持有不同的看法，他们认为景观应该和雕刻、绘画、建筑一样是同一层次的艺术和学科门类。因此，在景观设计处于不断完善和蓬勃发展的今天，要给景观设计一个封闭的定义还为时过早，随着学科自身的发展以及和其他学科的相互交融，对于景观设计这一名词的理解也是不断更新的。

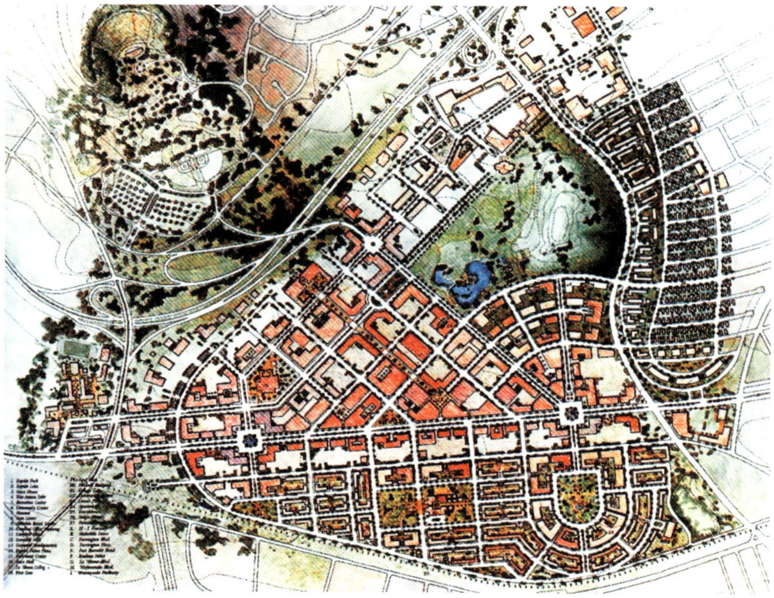

图1.1　夏威夷Kapolei城规划（设计师：詹森·约翰逊）

1.1.1 景观设计的概念

(1) 广义的景观设计

广义上的景观设计指的是大规模、大尺度上景观的把握（图1.1），它包括了城市规划中的景观要素、城市设计中的大尺度的表现。含盖了以下几项内容：场地规划、土地规划、控制性规划、城市设计和环境规划。场地规划是通过建筑、交通、景观、地形、水体、植被等诸多因素的组织和精确规划使某一块基地满足人类使用要求，并具有良好的发展趋势。土地规划相对而言主要是规划土地大规模的发展建设，包括土地划分、土地分析、土地经济社会政策以及生态、技术上的发展规划和可行性研究。控制性规划主要是处理土地保护、使用与发展的关系，包括景观地质、开放空间系统、公共游憩系统、给排水系统、交通系统等诸多单元之间关系的控制。城市设计主要是城市化地区的公共空间的规划和设计，例如城市形态的把握，和建筑师合作对于建筑面貌的控制，城市相关设施的规划设计（包括街道设施、标识）等，以满足城市经济发展。环境规划主要是指某一区域内自然系统的规划设计和环境保护，目的在于维持自然系统的承载力和可持续性发展。

(2) 狭义的景观设计

狭义的景观设计指的是场地设计和户外空间设计，是景观设计的基础和核心。盖丽特·雅克布认为景观设计是在从事建筑物、道路和公共设备以外的环境景观空间设计。狭义景观设计中的主要要素是：地形、水体、植被、建筑及构筑物以及公共艺术品等，主要设计对象是城市开放空间，包括广场、步行街、居住区环境、城市街头绿地以及城市滨湖河地带等（图1.2），其目的不但要满足人类

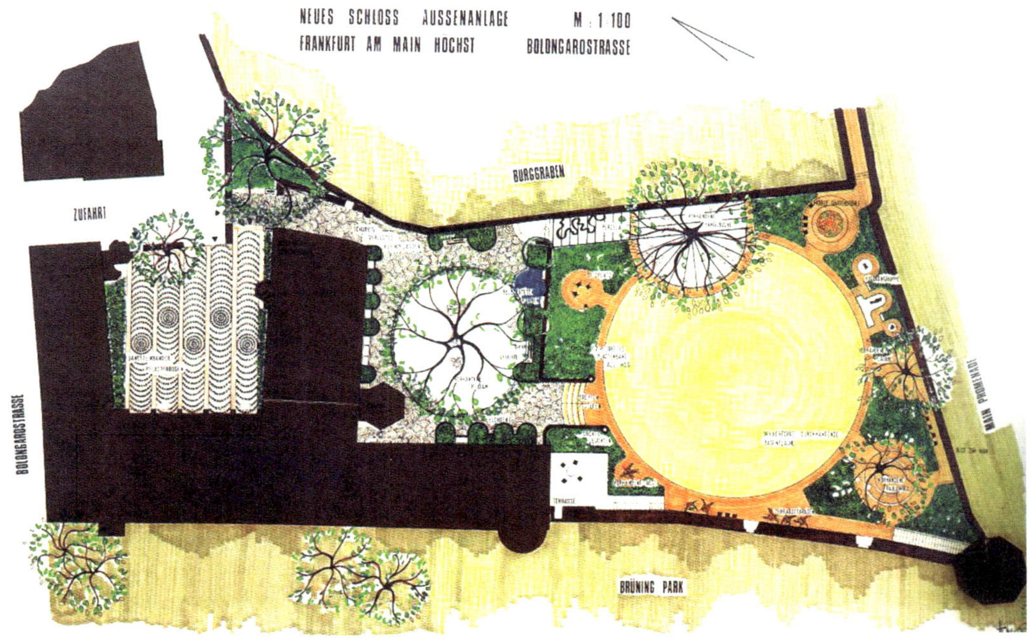

图1.2 法兰克福新赫希斯特宫花园设计（设计师：汉斯·道恩）

生活功能上、生理健康上的要求，还要不断地提高人类生活的品质、丰富人的心理体验和精神追求。

从景观设计广义和狭义的两种定义来看，景观设计是处理人工环境和自然环境之间关系的一种思维方式，一条以景观为主线的设计组织方式，目的是为了使无论大尺度的景观规划还是小尺度的景观设计都以人和自然最优化组合和可持续性发展为目的。理想状态中，这些处于不同层次和不同规模的规划设计应该是一个紧密连贯和完整的流程，但事实上，在实际运用中这一流程往往是不完整和过于简单化的。

1.1.2 景观设计的内涵

(1) 景观设计与美学

“景观”一词在汉语中有“风景”“景色”或“景致”之意，属于视觉美学范畴的概念，其给人的感官感受是美的。在古代的观念中，自然界的树木、河流、山石等都是上天赐予的，众民是天地的子女，人类从自身的需求出发，把自然景观视作崇拜的对象、实用的对象、审美的对象。古人寄情于山水，将自己心目中经过抽象和美化的自然环境描绘在画上，撰写诗里，仿制于自己居所周围。所以在中国传统园林艺术中，山石、流水、落花、游鱼都被赋予了性格和诗意，成为经过简化和意向的一种象征，结合到人类的聚居环境中，使景观艺术和书法、绘画一样成为表达人类自然意识的艺术手法之一。建造这样一个园林，并不是因为园中植物或者动物有什么实用价值，而是为了追求一种精神享受。

虽然对于美的感受，由于社会文化背景的制约，任何人都不会完全一致，或者说敏感度不同，但是在一定的程度上，人与人的审美体验还是可以沟通的。这种共同的审美体验也就成为我们从事景观设计的美学基础。

景观设计师能否和使用者沟通，一个景观设计能否让参观者和使用者感到美，这往往是景观设计能否成功的重要条件，所以设计师必须观察原有景观自身在美学上的特色，包括视觉、听觉和触觉等多方面，在设计的同时强化其在美学上的特色，并且深入挖掘景观的历史文化内涵，只有这样才能触发使用者美的享受。

(2) 景观设计与生态学

现代人类的生存环境和农业社会时期已经截然不同，那种源于被动的恐惧消失了，人类以城市为中心，开始对自然施加辐射式的影响力。聚居环境的城市化和工业化日益加剧，地球上原有的生态环境被城市、工业区、高速公路侵蚀和分割着，人类在享有自己创造带来的便利时，也受到了和自然日益隔离而引发的伤害。空气污染、噪音、居住区的拥挤和每日产生的堆积如山的垃圾，这一切都影响人类的健康，危害着人类的生存。

今天，人类对于聚居地的改造再也不仅仅是逃避自然力的侵蚀，更重要的是要将整个生态环境中各个因素所组成的结构进行优化和调整，使人类聚居地的生态环境达到一种最适状态。20世纪60年代，麦克哈格的《设计结合自然》（*Design with Nature*）一书将景观设计带到了一个生态结构优化的高度。他认为：美是人与自然环境长期交往而产生的复杂和丰富的反应。

景观设计的视觉美观是重要的，但不是唯一目标。景观设计师既要治标也要治本，在根本上改善人类聚居环境，利用城市绿地来调节微气候、缓解生态危机成为景观设计在21世纪新的任务。对于一个景观设计师来说，了解自然环境和人类自身自然节律和秩序就成为了设计之“初”：尊重自然所赋予的河流、山丘、植被、生物，在其中巧妙地设计景观，将人为景观和原有地形地貌结合在一起，以两者和睦相处、相得益彰为最终目标。

1.2 景观设计学科发展

现代景观设计学科发展以美国为先导。自1858年美国景观设计学之父奥姆斯特德提出了景观设计（Landscape Architecture）这一名称之后，1899年，美国景观建筑师学会（American Society of Landscape Architecture，简称ASLA）创立，1900年美国哈佛大学开设了世界上第一个景观设计学专业，并在全美首创4年制的景观设计专业学士学位，正式确立了其现代学科的地位。目前，美国有60多所大学设有景观设计学科专业教育，其中2/3设有硕士学位教育，1/5设有博士学位教育。美国的景观设计专业大多设在建筑学院、农林学院和艺术学院。在课程设置上，哈佛景观设计专业成立之初，主要依托文化教育，并坚持以美术的方式设计景观。20 世纪三四十年代，现代主义运动提出“形式追随功能”，推动了景观设计专业教育的变革，更注重对社会问题、材料和方法上的技术进步与定位。发展至今，美国现代景观设计教学形成了社会、生态与艺术三位一体的模式，注重生态价值、社会价值和美学价值。在教学方法上，以设计课为教育体系的核心，围绕设计课培养学生的创造力，传授自然学科、工程学科、历史和艺术知识等。由于奥姆斯特德及其合作者的实践以及专业教育在哈佛大学的确立，使得景观规划设计师成为人居环境的主要规划设计者和创造者。

在全世界范围内，英国的景观设计专业发展也较早。1932年，英国第一个景观设计课程出现在瑞丁大学（Reading University），相当多的大学于20世纪50～70年代早期分别设立了景观设计研究生项目。景观设计教育体系相对而言业已成熟，其中相当一部分学院在国际上享有声誉。纵观国外的景观设计专业教育，非常重视多学科的结合，包括生态学、土壤学等自然科学，也包括人类文化学、行为心理学等人文科学，最重要的还必须学习空间设计的基本知识。这种综合性进一步推进了学科发展的多元化。

景观设计学科是关于景观的分析、规划布局、设计、改造、管理、保护和恢复的科学和艺术。

我们认为理想的景观设计教育，在具有一定艺术和相关科学的教育基础上，设计、管理、科学研究三方面都有所涵盖，并有所侧重。所谓艺术和科学基础是指与景观设计、建筑学和城市规划相关的美学理论以及设计理论。设计指的是偏向职业化的教育，主要包括：场地规划、景观植物学、景观技术。而管理是偏向景观维护、房地产经济和发展以及市场分析、设计法规等等学科。科学研究的课程则更多注重多学科的交叉研究，例如：城市生态学、可持续性发展、生物学、地质学等课程。这三个教育方向无疑向社会提供了三类人才：面向设计部门，例如景观设计事务所、建筑设计事务所和城市规划设计部门；面向管理部门，即政府、环保部门和水利电力部门，以便帮助政府机构做出决策；面向科研机构，高校、研究所等。三者的结合基本上可以满足当今社会对于景观设计人才的需求。

2 景观设计的理念与原则

2.1 景观设计的理念

大自然是一个无所不能的大艺术家，它利用宇宙中物质运动的力，将天地中的形形色色诠释得近乎完美，创造出许许多多令人赞叹不已的大地艺术品，启迪人类无尽的想象力。在我国壮阔者如黄河壶口瀑布、长江三峡、珠穆朗玛峰，瑰丽者如九寨沟、张家界、桂林山水，细微者如山间的流泉、风中的竹影，这些景色无不是自然的鬼斧神工，也在不期而至的接触中令人有莫名的感动。“外师造化，中得心源”，这是古代艺术家总结的艺术创作规律。热爱自然，感受自然，学习自然，再现自然，应是现代景观设计师所要秉承的创作理念和路线。景观设计的理念，皆出于人对自然的仰望和体察，在自然的启发下对现实世界的改造、修饰和重构。人对自然的感受力越强，其在景观设计方面的表达意愿就越深。

(1) 景观设计要体现人文关怀

“人文”一词最早出现于《易经》的贲卦的彖辞中：“刚柔交错，天文也；文明以止，人文也，观乎天文以察时变，观乎人文以化成天下。”人文与天文相辅相依，天文指天道自然；人文则指社会人伦。

景观设计中人文关怀分为生理人文关怀和心理人文关怀（图2.1）。生理人文关怀指景观设计作品具体景观元素的尺度、颜色要符合人的基本习惯。心理人文关怀指景观设计作品对人的心理活动的影响。

(2) 景观设计要具备生态意识

自从工业革命给人类社会带来史无前例的社会经济的发展和科学技术全面进步之后，城市也从此走上了快速发展的道路，但是人类在陶醉于社会财富增长的同时，也激化了人口、资源和环境之间的矛盾。特别是进入新世纪，我国城市化、工业化发展给资源环境带来的压力增大，城市建设迅猛发展，城市中人口资源环境矛盾日益尖锐。于是人们认识到，城市发展必须突出生态环境，建设生态型城市成为人们的必然选择。同样，构筑良好的生态环境，提高市民的生活品质，保护和建设人与自然和谐共生，是人类必须解答的历史课题。

西方发达国家对生态环境关注较早，20世纪60年代便提出城市建设的“景观生态学”观念：城市建设的景观是由所处的地段上的自然生态群落和人工环境的相互关系构成。人们面对的地形地貌、物产物候、生态群落，都综合地加入到生态景观的系统中。城市环境中的一切风景、建筑、环境

图2.1　雕塑与水景的结合

2

3

4

5

图2.2　绿色植物修剪成的绿墙

图2.3　巴黎凡尔赛宫花园的植物造景

图2.4　设计中使用的历史元素

图2.5　与不同文化环境相配套的公共设施

设施，都要考虑影响风景变化的各种生态因素和环境因素，将自然生态与人类活动的要求有机地结合起来（图2.2、图2.3）。这是现代意义的“顺应自然”“天人合一”。西方在沿袭、保护传统文化的基础上强化了自然生态的空间意识，保护环境，注重人与自然的对话。在东方的文明中，人与自然和谐的观念一直是前人遵循的准则，如何认识与把握我们自己民族的优秀文化传统，创造适合本土居民需求的绿色生态环境，这不仅建立在对自身文化价值的肯定与认识上，而且是对中华民族悠久灿烂文化的继承与发展。

(3) 景观设计要考虑文脉延续

文脉（Context）一词，最早源于语言学范畴。它是一个在特定的空间发展起来的历史范畴，其上延下伸包含着极其广泛的内容。从景观设计的角度看，文脉是关于人与建筑景观、建筑景观与城市景观、城市景观与历史文化之间的关系，也可以说是一种景观文化传承的脉络关系（图2.4、图2.5）。总的来说，这些关系或系统都是局部与整体之间的对话关系，必然存在着内在的本质联系，只有对这些关系的本质进行认真地研究之后，城市历史景观的丰富性才能被理解，景观文脉才会更清晰，或者说一个新的景观空间的意义才能被引申出来。

(4) 景观设计要注重区域特色

当今信息化时代带来经济的剧烈变革和高度发展，导致城市规模的不断扩大与区域结构的变化。高科技、密集型的“信息”支配着城市多元化经济的发展，城市中有各种区域形态，如老城区、高校聚集区、高科技区、经济开发区、繁华商业区等，促使城市向网状的、多中心的结构发展，形成多样化的城市区域风貌，这必然需要多样化的都市景观。在这些区域中，有其内在的、

精神上与视觉上的性格指向，而景观设计正成为这种性格指向的视觉焦点。根据各个不同区域特色确定其文化氛围，有的以历史为主线，突出传统；有的区域要新要洋，突出现代感。整个城市景观设计既要有总的特色，又要有各区域的风格，为创立区域特色打下基础。因地制宜地设计与该区域文化、建筑语汇相适应的、有个性的景观，不仅丰富了城市形象，而且更是开放性、多元化文化价值的体现，因为它体现人与环境的互动、人文活动与人文关怀。因此，景观必须符合特定区域环境的整体风格，受制于特定区域的空间布局，成为区域环境的有机部分，才是创造区域环境特色的关键（图2.6）。

图2.6　欧洲城市景观

图2.7　远眺巴黎的城市景观

(5) 景观设计要重视整体规划

城市规划设计是一项富有想象力的三维空间的创造。从事规划设计必须设想城市在未来发展中的方向。一方面城市遵循既定的规划进行工作，保证城市发展的有序性、连续性与稳定性；另一方面城市必须考虑灵活的原则，寻找各种手段，采用各种方法设计出适合时代发展的城市各种物质形态，以满足都市人多样化的需求。城市中的景观设计往往有4类情况：

总体规划　在新建街道、广场时，对周边的建筑与环境进行统一考虑，以确立街道、广场上各种景观的空间形态（图2.7）。

城市老区景观的规划改造　对原有的街道、建筑、景观等区域进行整体的更新设计，在保护原有历史面貌的基础上进行适当增添与更新。

对已成型景观的增补设计　即在现有的街道、广场上使环境设施更加多样化、丰富化，适应新的功能要求，使其具备新的面貌。

已成型景观的点缀设计　对景观中有些设施、

有些绿化进行局部的修改与增添，使整个场所更加充满活力（图2.8）。

2.2 景观设计的原则

日本著名的设计家荣久庵宪司先生认为，所谓设计，就是创造一种把“价值转化为物态”、“物态上升为价值”，再从这一物态中产生新的价值的一种反复轮回于价值与形态之间的良性循环系统。高效率、舒适、安全、健康、文明的生活是全社会共同的向往与追求。景观设计正是使这一观念具体转化为与环境相协调的实体的设计。在对这种目标的追求中，景观设计将不断得以发展。

2.2.1 景观设计的功能性原则

(1) 使用功能

为人们的户外生活环境提供各种便利，提供安全、保护、管理、情报等服务功能，这是景观设施的第一功能。若缺乏“人性化”设计，缺乏对功能的研究，便会出现种种不协调的现象。例如，城市广场只种植大面积的草坪，缺少树木绿荫，缺少公共座椅，路人在烈日下只能行色匆匆，谈不上休息观赏；城市街道中设有太长的栏杆路障，行人过马路极不方便，以至于出现翻越栏杆、乱穿马路的现象；马路、街道上充塞着各式杂乱的广告牌，缺乏统一规划，会造成视觉的污染……，设计师必须要清楚地了解使用者的基本要求，才能再谈景观的功能体现（图2.9、图2.10）。

(2) 精神功能

精神功能在景观设计中占有重要的位置。情与景的交融，使审美主体与审美客体在发生相互感应和相互转换关系中，给人美的享受，即精神功能。景观既是人们情怀的抒发，又是以优美的造型陶冶人们的情操。这种美化功能不仅呈现在景观的整体布局上，而

图2.8 坐凳表面的趣味化处理——刻有小孩做游戏的方法

图2.9 紧邻路边无植物遮阴的设施无法留住行人

图2.10 广场内安静的树荫下适合安置坐凳

且表现在构成审美价值的每个细节中。例如，植物柔和的线条、婀娜多姿的造型、随季节变换的色彩，显示出自然界中的无限生机。各种自然景观与人造景观的有机结合、交替出现，便会消除各种不协调，使人的情感在美的景观中得到升华（图2.11）。

(3) 保护功能

景观的保护功能体现在两个方面：一是对生态的保护，对环境小气候的改善，以绿化与水景等提高环境的舒适度；二是对人的保护，即对室外活动中的人进行保护，以免事故发生。例如,设置扶栏、标志、绿化隔离带、止路装置等，为的是对车辆运行进行积极的引导控制，确保人车的安全，对人起到拦阻、警示的功能（图2.12）。

(4) 综合功能

景观的功能往往不是以单一的功能形象出现，而是集几项功能于一体。例如，水景可给人嬉戏、玩耍，同时也给人提供美的享受；街灯既装饰城市夜景，又同时提供照明……景观存在于一定的环境之中，这便需将功能层次向外延伸，从设计物的材料、特征与结构等细节上，显示其时代风貌，显示当地人的集体倾向，显示其与环境呼应的各种信息（图2.13）。当它的设计与环境整体相协调时，它的功能设计概念便趋向完善。

景观设计的功能性无论在何种环境下，呈现给人们都应是宜人性的整合。

2.2.2 景观设计的科技性原则

科技的进步与发展在某种意义上说，取决于材料、工艺的先进性，而这些都是设计的物质基础。

图2.11 地面铺装颜色与植物色彩相互映衬

图2.12 车挡和隔离桩的保护功能

11

12

图2.13　水景喷泉既可供人欣赏又可嬉戏、玩耍

图2.14　利用金属材料的延展性设计的座凳

景观设计与材料、工艺关系密切，科技的进步与环境中物的功能并不矛盾，因为功能要求早存在于人们的心中，科技只是提供应用上更多的选择手段。

所谓“材料”，即物的物理特性，涉及材料的特点、材料的结构、材料的组合变化等，它影响设计功能的发挥与视觉的形态，如使用木材或铝材，虽完成相同的功能，但在承受重量多少、耐用时间长短、视觉暗示上却有很大不同。所谓“工艺”，即设计的景观设施在生产成型、加工、表面处理等系列工艺流程中的技术以及手段。如金属具有良好的可塑性、延展性和变形能力，利用各种加工的成型或切削方法，不仅能使设计对象获得形状、尺寸的精度，而且具有光洁度。通过金属的表面处理，获得实体的功能性、保护性及装饰性。材料只有通过各种工艺技术，才能使设计方案创造出具有使用价值和审美价值的实体（图2.14）。另外，材料的运用与时间因素有关，它往往能使设计构想产生意想不到的变化，如铜片由于长期的腐蚀而产生铜绿；铝、钢等材料的镜面反射，能将周围的环境通过折射（图2.15），展现变幻的大自然；石材、木质由于风雨侵蚀而产生细部纹理的变化等，这些都是设计在材料上挖掘的特殊语言。

当然，正确、合理、艺术地选用材料是景观设计运用材料的关键，从景观中经常采用的材料看，基本上有：

无机材料　石材、水泥、玻璃、陶瓷等。

有机材料　木材、竹材、藤材等天然材料。

金属材料　铜、铁、铝、镍等。

合成材料　塑料、橡胶、合成树脂等。

混合材料　夹板、混凝土、玻璃钢等。

不同的材料有不同的特性，选用时应考虑与满足：环境设施与产品实体功能的要求；与周边环境互相协调的要求；符合加工工艺与技术条件的要求；不同等级的设计运用不同档次的材料，即降低成本的要求。

科技的每一进步，促使人类不断研究、开发新材料。每种新材料的发现，都会给社会生产和生活面貌带来巨大改变，把人类社会的物质文明推向前进，因此人们常把新材料的出现作为社会发展的基础，新材料的出现也为景观设计的发展提供物质保证。

图2.15　利用不锈钢镜面效果设计的景观柱

2.2.3　景观设计的艺术性原则

景观的创意与视觉形象直接影响着空间的整体品质。景观具有装饰性与形象性，虽然它们的体量不大，却是环境美化中不可缺少的，能带给人赏心悦目之感。当景观与街区、广场、商业、文化的环境有机协调时，便有助于形成一个融便利性与城市特质、艺术品位为一体的公共环境。

艺术性是一个美学标准，真正的美具有积极向上的精神力量。景观应雅俗共赏、喜闻乐见，以基本群众的欣赏水平为基准，并向纵深方向提高与升华。尤其在公共环境中，因其服务的对象不是设计师个人或少数人，而是社会主体的大众，所以设计师关注的是在时代、社会、民族环境中形成的共同的美感，客观存在的普遍性的艺术标准，而且这些大众的审美需求和共同美感随着时代的变化、社会的进步呈现出不断的变化。就是在同一环境中，也会有不同的具体表现，如教育、文化、价值观、经历不同的人，对环境审美的趣味都各有所好，有的倾向于造型简练、色调优雅的，有的倾向装饰感强、色调明艳的。无论怎样，了解与尊重大众的审美追求与艺术需求 ，是景观设计首要的一步（图2.16）。

2.2.4　景观设计的经济性原则

景观是面向大众、融入社会与生活中的艺术，是结合使用与审美的环境实体，在服务公共中，经济意识也是诸多因素中重要的设计原则。

对于户外环境中的景观而言，由于气候、地理条件的变化，日晒雨淋，随着时间的推移，易风化与自然损坏，所以就需正确、合理、科学地选用材料，并注意材料的性能，从成本的角度出发，考虑零部件的简化、材料来源的便捷、组合方式的合理与更换零件的方便等环节。材料选定后，还要考虑施工技术问题，要选择与材料相适应，适当的、有效的、方便的技术加工工艺。景观设计还要考虑与所处环境的协调，与使用者及其生存、活动空间的协调。同是广场，商业区的广场与纪念性广场在功能、结构、格调和氛围上都有极大的不同，如地面的铺设要求必然有所不同。在适用美观的基础上尽可能考虑经济合理性；不同等级的设计选用不同档次的材料，在美化环境、舒适方便中融入节约社会资源的观念，以成本的优势获得人们的认同（图2.17）。

图2.16　美国世界中心广场极具装饰感的休息设施

图2.17　英国曼彻斯特城交易所广场玛莎·施瓦茨利用混凝土设计的水景

3 景观设计的程序与方法

各种项目的设计都要经过由浅入深、从粗到细、不断完善的过程，景观设计也不例外。设计者应先进行基地调查，熟悉物质环境、社会文化环境和视觉环境，然后对所有与设计有关的内容进行概括和分析，最后，拿出合理的方案完成设计。这种先调查再分析、最后综合的设计过程可划分为5个阶段，即：任务书阶段、基地调查和分析阶段、方案设计阶段、详细设计阶段、施工图阶段。每个阶段都有不同的内容，需解决不同的问题，并且对图面也有不同的要求。

3.1 景观设计的程序

3.1.1 任务书阶段

在任务书阶段，设计人员应充分了解设计委托方的具体要求，有哪些愿望，对设计所要求的造价和时间期限等内容。这些内容往往是整个设计的根本依据，从中可以确定哪些值得深入细致地调查和分析，哪些只要作一般的了解。在任务书阶段很少用到图面，常用以文字说明为主的文件。

3.1.2 基地调查和分析阶段

掌握了任务书阶段的内容之后就应该着手进行基地调查，收集与基地有关的资料，补充并完善不完整的内容，对整个基地及环境状况进行综合分析。收集来的资料和分析的结果应尽量用图面、表格或图解的方式表示，通常用基地资料图记录调查的内容。用基地分析图表示分析的结果。这些图常用徒手线条勾绘，图面应简洁、醒目，说明问题，图中常用各种标记符号，并配以简要的文字说明或解释。

3.1.3 方案设计阶段

当基地规模较大及所安排的内容较多时，就应该在方案设计之前先做出整个景观的用地规划或布置，保证功能合理，尽量利用基地条件。使诸项内容各得其所，然后再分区分块进行各局部景区或景点的方案设计。若范围较小，功能不复杂，则可以直接进行方案设计。方案设计阶段本身又根据方案发展的情况分为方案的构思、方案的选择与确定、方案的完成三部分。综合考虑任务书所要求的内容和基地及环境条件，提出一些方案构思和设想。权衡利弊，确定一个较好的方案或几个方案构思所拼合成的综合方案，最后加以完善完成初步设计。这一阶段的工作主要包括进行功能分区，结合基地条件、空间及视觉构图确定各种使用区的平面位置（包括交通的布置和分级、广场和停车场地的安排、建筑及入口的确定等内容）。常用的图面有功能关系图，功能分析图，方案构思图和各类规划及总平面图。

3.1.4 扩大初步设计阶段

方案设计完成后应与委托方共同商议，然后根据商讨结果对方案进行修改和调整，本阶段为初步设计阶段。一旦初步方案定下来后，就要全面地对整个方案进行各方面详细的设计，包括确定准确的形状、尺寸、色彩和材料，完成各局部详细的平立剖面图、详图、透视图、表现整体设计的鸟瞰图。

3.1.5 施工图设计阶段

施工图阶段是将设计与施工连接起来的环节。根据所设计的方案，结合各工种的要求分别绘制出能具体、准确地指导施工的各种图面，这些图面应能清楚，准确地表示出各项设计内容的尺寸、位置、形状、材料、种类、数量、色彩以及构造和结构，完成施工平面图、地形设计图、种植平面图、景观建筑施工图等。

3.2 景观设计的方法

3.2.1 基地调查和分析的基本方法

(1) 实地勘察

景观拟建地通常又称为基地，它是因自然场景和人类活动共同作用下所形成的复杂空间实体，它与外部环境有着密切的关系。设计师在进行景观设计之前应当对基地进行全面、系统的调查和分析，为后续的设计提供细致、可靠的依据（图3.1）。

(2) 现状调查

基地现状调查包括收集与基地有关的技术资料

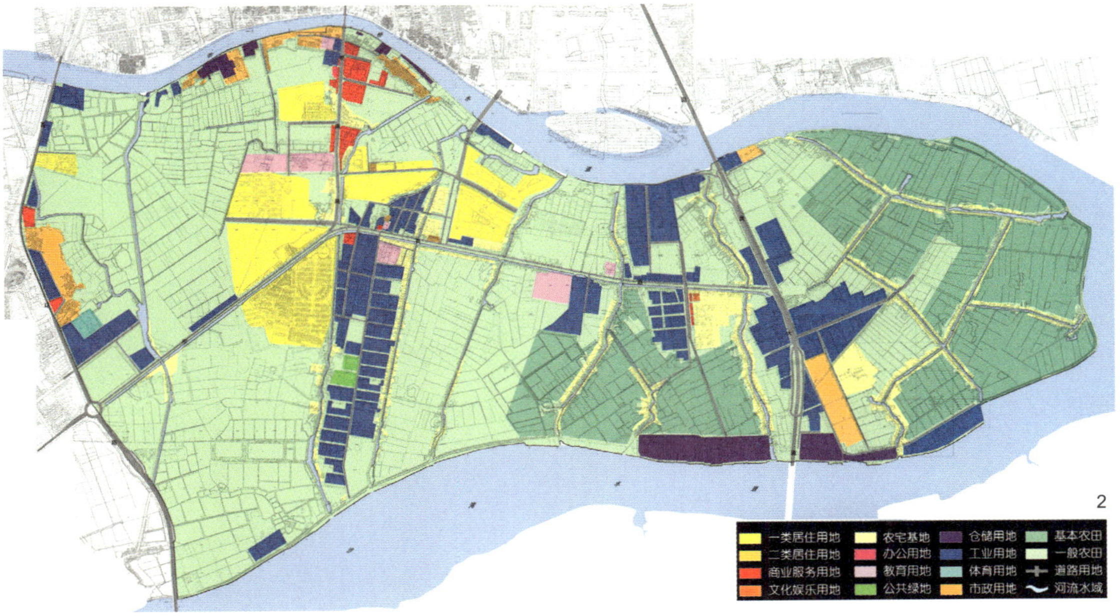

图3.1　杭州大运河旅游区基地分析

图3.2　番禺南区现状调查

和进行实地踏勘、测量两部分工作。有些技术资料可从有关部门查询得到，如基地所在地区的气象资料、基地地形及现状图、管线资料、城市规划资料等。对查询不到的但又是设计所必需的资料，可通过实地调查，勘测得到，如基地及环境的视觉质量，基地小气候条件等。若现有资料精度不够、不完整或与现状有出入，则应重新勘测或补测（图3.2）。基地现状调查的内容有：

基地自然条件　地形、水体、土壤、植被。

气象资料　日照条件、温度、风、降雨、小气候。

人工设施　建筑及构筑物、道路和广场、各种管线。

视觉质量　基地现状景观、环境景观、视域。

基地范围及环境因子　物质环境、知觉环境、小气候、城市规划法规。

现状调查应根据基地的规模、内外环境和使用目的分清主次，主要的应深入详尽地调查，次要的可简要地了解。

(3) 基地分析

调查是手段，分析才是目的。基地分析是在客观调查和主观评价的基础上，对基地及其环境的各种因素作出综合性的分析与评价，使基地的潜力得到充分发挥。基地分析在整个设计过程中占有很重要的地位，深入细致地进行基地分析有助于用地的规划和各项内容的详细设计，并且在分析过程中产生的一些设想也很有利用价值。基地分析包括在地形资料的基础上进行坡级分析、排水类型分析，在土壤资料的基础上进行土壤承载分析，在气象资料的基础上进行日照分析、小气候分析等。

较大规模的基地是分项调查的，因此基地分析也应分项进行，最后再综合。首先将调查结果分别绘制在基地底图上，一张底图上只作一个单项内容，然后将诸项内容叠加到一张基地综合分析图上。由于各分项的调查或分析是分别进行的，因此可做得较细致、较深入，但在综合分析图上应该着重表示各项的主要和关键内容。基地综合分析图的图纸宜用描图纸，各分项内容可用不同的颜色加以区别（图3.3、图3.4）。

(4) 资料表述

在基地调查和分析时，所有资料应尽量用图面或图解并配以适当的文字说明的方法表述，并做到简明扼要，这样资料才直观、具体、醒目，给设计带来方便。

标有地形的现状图是基地调查、分析不可缺少的基本资料，通常称为基地底图。在基地底图上应表示出比例和朝向，各级道路网，现有主要建筑物及人工设施，等高线、大面积的林地和水域，基地用地范围（图3.5）。另外，在要放缩的图纸中

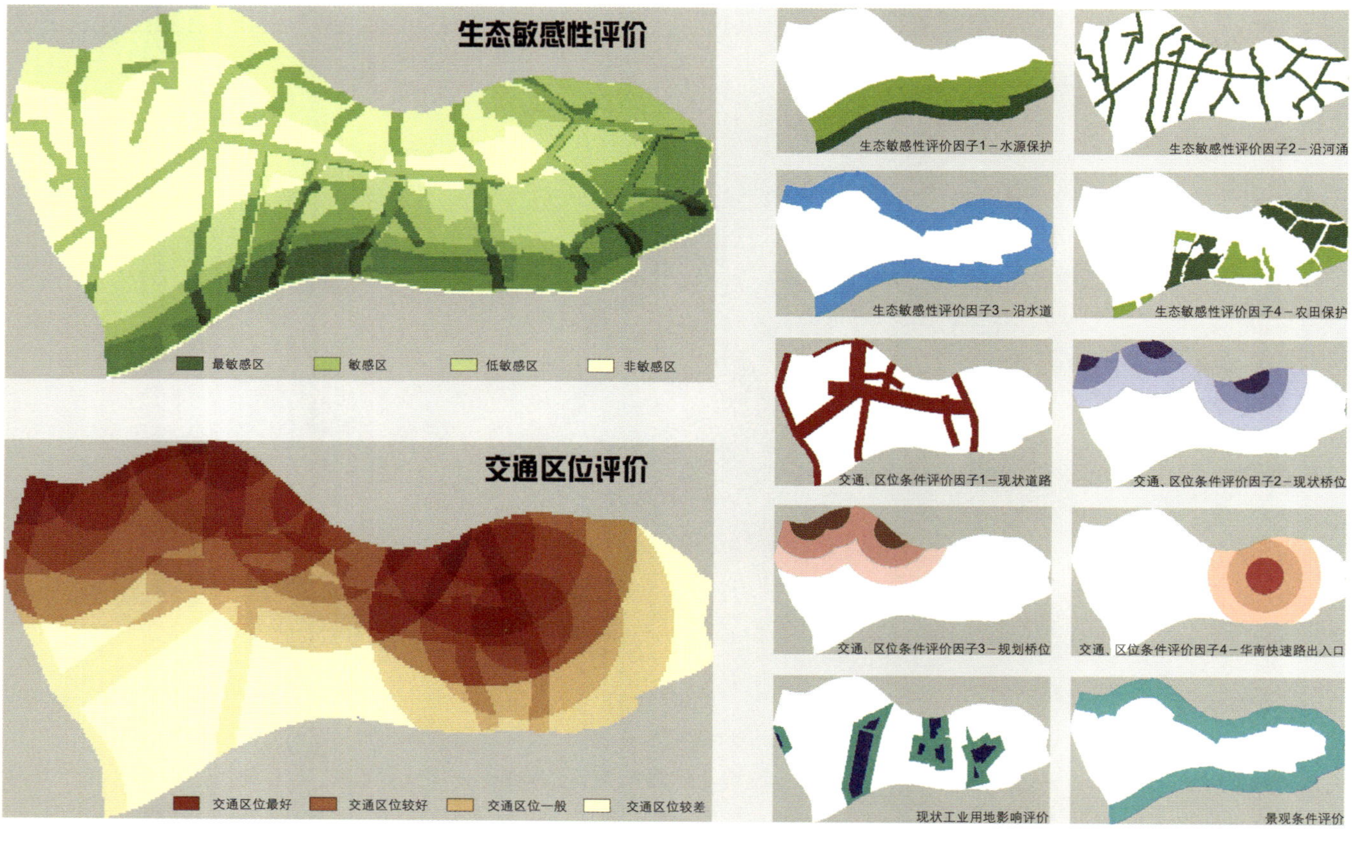

图3.3　番禺南区用地单项分析

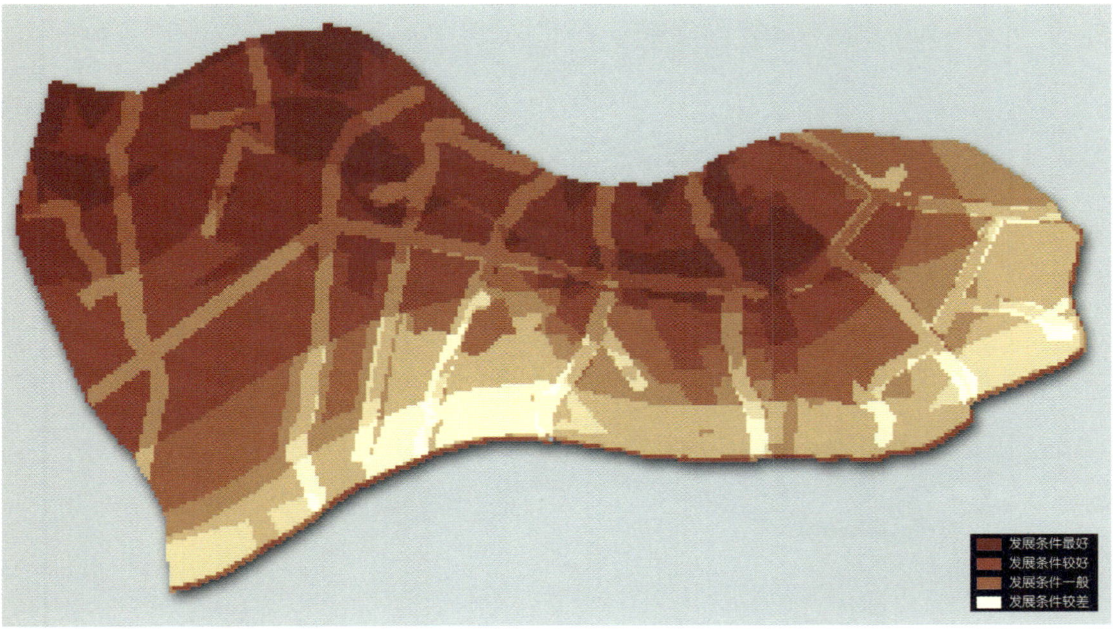

图3.4　番禺南区用地综合分析

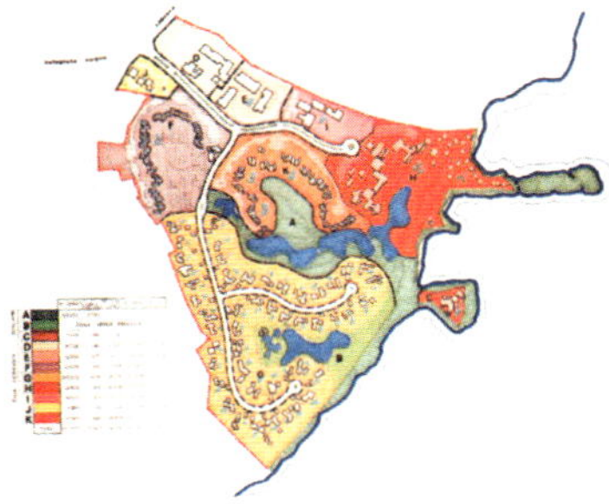

用地分析

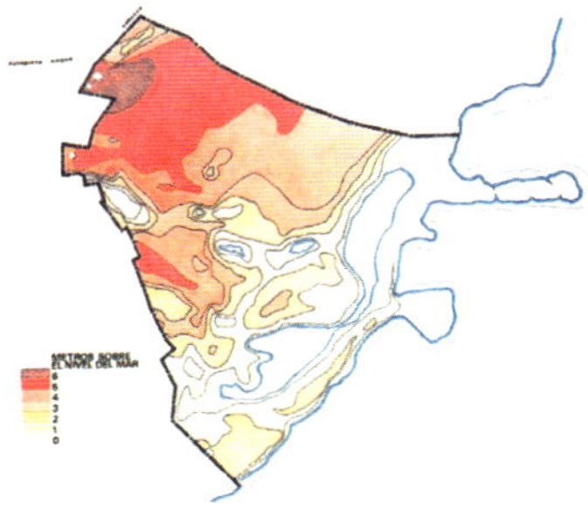

地形分析

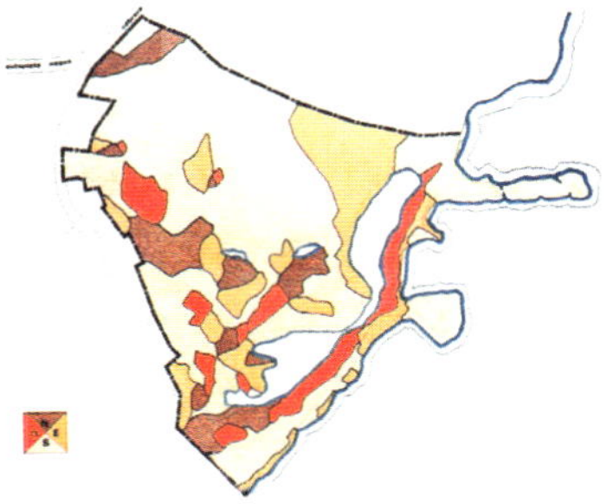

斜坡方向

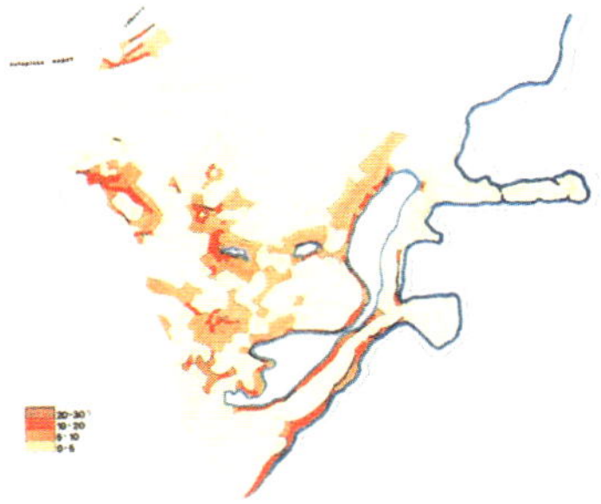

斜坡百分比

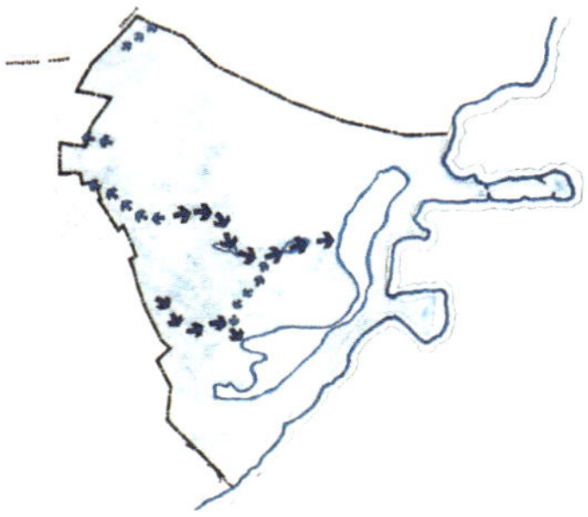

山谷和斜坡

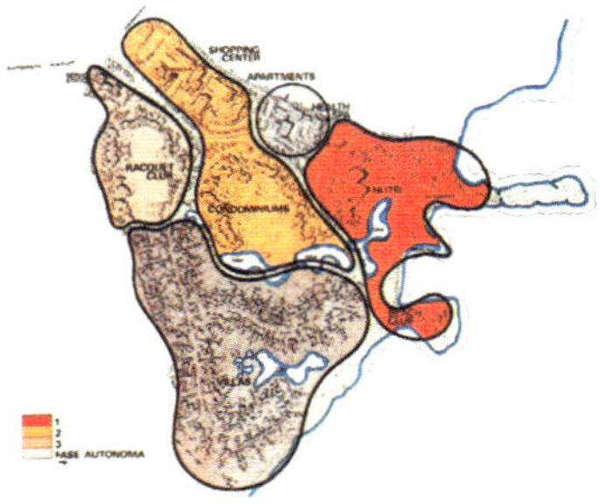

建造阶段

现有植物

图3.5　西班牙圣多明哥某度假村场地分析

图3.6 基地现状分析剖面

最好标出线状比例尺图，用地范围最好用双点划线表示。基地底图不要只限于表示基地范围之内的内容，最好也表示出一定范围的周围环境。为了能准确地分析现状地形及综合地质关系，也可作一些典型的剖面（图3.6）。

3.2.2 方案设计的基本方法

景观设计作为一门环境艺术，涉及面广，综合性强，既要考虑科学性，又要强调艺术性。处理好这些关系需要有一定的学识，这对初学者来说有一定的难度。但是，景观设计还是有一些方法可循的，下面就从构思立意、基地条件、视线分析和方案比较等方面作些简要阐述。

图3.7 扬州个园

(1) 构思立意

在一项设计中，方案构思往往占有举足轻重的地位，方案构思的优劣能决定整个设计的失败。好的设计在构思立意方面多有独到和巧妙之处。例如，扬州个园以石为构思线索，从春夏秋冬四季景色中寻求意境，结合画理“春山淡冶而如笑，夏山苍翠而如滴，秋山明净而如妆，冬山惨淡而如睡”拾掇景观，由于构思立意不落俗套而能在众多优秀的古典宅第景观中占有一席之地（图3.7）。结合画理创造意境，对讲究诗情画意的我国很多古典景观来说是一种较为常用的创作手法。但是，直接从大自然中汲取养分、获得设计素材和灵感也是提高方案构思能力、创造新的景观境界的方法之一。例如，美国著名的风景园林设计师劳伦斯·哈普林和保尔·克利以后的许多现代主义设计师一样，都以大自然作为设计构思的创作源泉。哈普林在他的《笔记》一书中记录了对石块周围水的运动、石块块面纹理和质感变化等自然现象及变化过程的观察结果，但在他的作品中既没有照搬，也没有刻意地去模仿，而是将这些自然现象及变化过程加以抽象并且艺术地再现出来。例如，伊拉·凯勒喷泉水景（图3.8）的设计就成功地、艺术地再现了水的自然过程。除此之外，对设计的构思立意还应善于发掘与设计有关的体裁或素材，并用联想、类比、隐喻等手法加以艺术地表现。例如，玛莎·施瓦兹设计的怀特海德生物化学研究所的屋顶花园，就是巧妙地利用该研究所从事基因研究的线索，将两种不同风格的景观形式融于一体，一半是法国规则式的整形树篱园，

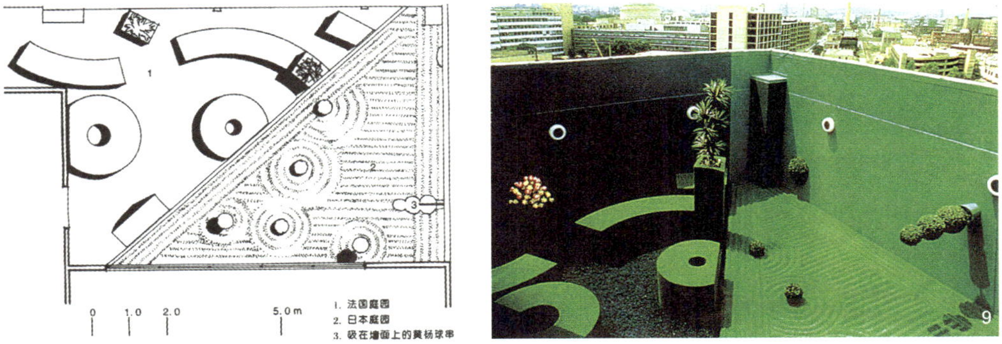

图3.8　哈普林设计的伊拉·凯勒喷泉

图3.9　马萨诸塞州怀特海德生物化学研究所屋顶花园——“拼合园”

另一半为日本式的枯山水，它们分别代表着东西方景观的基因，隐喻它们可通过像基因重组一样结合起来创造出新的形式，因此该屋顶花园又称之为“拼合园”（图3.9）。

总之，提高设计构思的能力需要设计者在自身修养上多下功夫。除了本专业领域的知识外，还应注意诸如文学，美术、音乐等方面知识的积累，它们会潜移默化地对设计者的艺术观和审美观的形成起作用。另外，平时要善于观察和思考，学会评价和分析好的设计，从中吸取有益的东西。

(2) 基地条件利用

基地分析是景观用地规划和方案设计中的重要内容，前面已介绍了规划中如何结合基地条件布置景观不同性质用地的方法，下面将结合例子进一步说明基地条件分析在方案设计中的重要性。方案设计中的基地分析包括基地自身条件（地形、日照、小气候），视线条件（基地内外景观的利用，视线和视域）和交通状况（人流方向，强度）等现状内容。例如，现准备进行某别墅庭院景观设计，基地三面皆为道路，西面有一土坡，其中业主要求设置两车位室外停车场、游泳池、廊架、树木以及一些铺装地；要求能符合人行路线，为业主和客人提供坐憩的空间。根据上述的条件对图3.10中的两个设计方案进行比较，比较结果见表3.1。

表3.1　同一基地不同方案的比较

内　容	方案一	方案二
1. 设计的内容是否与任务书要求的相一致（包括停车场、游泳池、廊架、休憩区、植物、铺装等）	√	×
2. 区域的安排和选择是否合理，土地利用率高低	√	×
3. 人行路线是否合理，不用绕路或折返	√	×
4. 休憩区是否有植物遮阴	√	×
5. 是否利用了基地外的自然景色，如土坡上的自然景观	√	×
6. 停车区域位置是否合理，能够方便出入	√	×
7. 设计中的比例和尺寸是否符合人体工程学	√	×

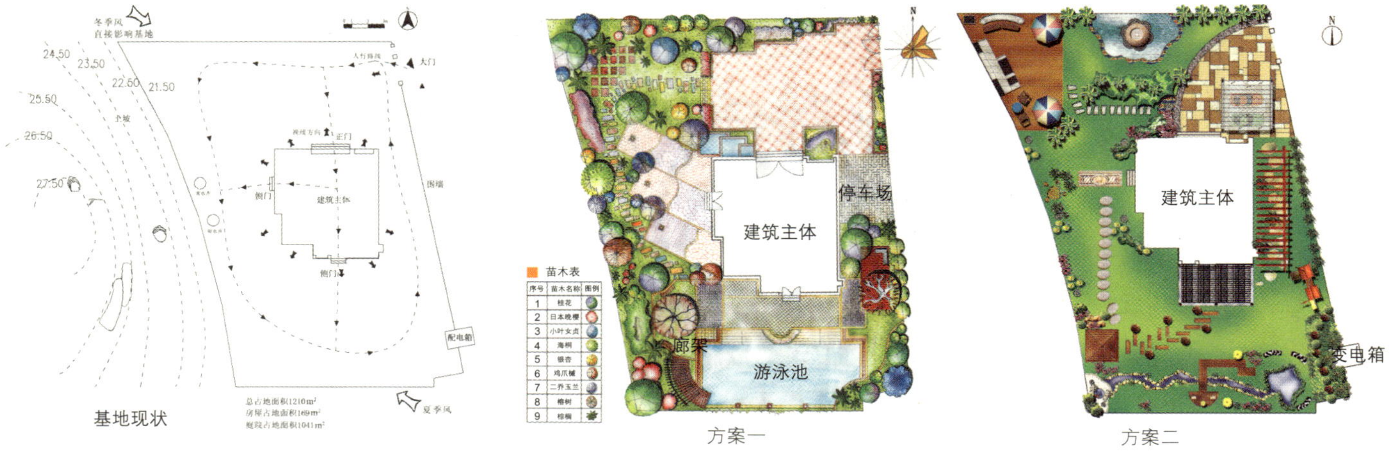

图3.10　别墅庭院设计

从表3.1中的比较结果来看，方案一明显优于方案二，如果撇开设计形式、材料等不谈，单单从利用基地现状条件和分析结果来看，方案二就存在着众多的不足之处，如室外停车区域的设计位置、基地外有景而不借、无视行人的行为习惯、不能很方便地利用休憩区、未考虑夏季遮阴、道路铺装零散不成体系等。从这两个方案的比较中可以发现，在动手做设计之前应仔细地分析基地、充分利用基地现状条件，只有这样才能做到有目的地设计和解决问题。

(3) 视线分析

视线分析是景观设计中处理景物和空间关系的有力方法。

视域　人眼的视域为一不规则的圆锥形。双眼形成的复合视域称为中心眼视域，其范围向上为70º，向下为80º，左右各为60º，超出此范围时，色彩、形状的辨认力都将下降。头部不转动的情况下能看清景物的垂直视角为26º～30º，水平视角约为45º～60º，凝视时的视角为1 º，当站在一物体大小的3500倍视距处观看该物体时就难以看清楚了。

最佳视角与视距　为了获得较清晰的景物形象和相对完整的静态构图，应尽量使视角处于最佳位置（图3.11）。通常垂直视角为26º～30º、水平视角为45º～60º时观景较佳，维持这种视角的视距称为较佳视距。

最佳视域可用来控制和分析空间的大小与尺度，确定景物的高度和选择观景点的位置。例如苏州网师园中部水池及周围岸景的整个空间小巧而不局促，水池居中，亭廊轩榭依水而建，从“月到风来亭”观对面的“射鸭廊”“竹外一支轩”“黄石假山”时，垂直视角约为30º、水平视角约为45º，均处在较佳的范围内，观赏效果较好。

(4) 方案比较

根据特定的基地条件和设置的内容多做些方案比较也是提高做方案能力的一种方法。方案必须有创造性，各个方案应各有特点和新意而不能雷同。

由于解决问题的途径往往不止一条，不同的方案在处理某些问题上也各有独到之处。因此，应尽可能地在权衡诸方案构思的前提下定出最终方案。该方案可以以某个方案为主，兼收其他方案之长，也可以将几个方案在处理不同方面的优点综合起来。

多做方案加以比较还能使设计者对某些设计问题做较深入的探讨。例如，美国现代主义景观开

图3.11　最佳视角和视距与景物的关系

(a) 以自然性的台地、绿篱和水池组成的空间

(b) 以45°斜线为平面构成骨架，形成规整简洁的空间

(c) 以基地倾斜的规整平面为主要活动空间，剩余部分用于种植

(d) 以水面汀步为主要空间

图3.12　埃克博多个基地设计方案

拓者之一，著名景观设计师，泛亚易道景观公司的创始人盖瑞特·埃克博，早在学生时期就十分注重方案的研究。为了研究城市小庭园的设计，埃克博在进深仅7.5m的基地上做了多个不同方案，以探索解决设计问题的多面性。图3.12所示为埃克博借助于多个方案研究设计和基地的关系。由于空间狭窄，整个庭园空间基本上没有分隔，着重考虑整体布局设计要素及其形式。

从上述4个方案中可以看出，在当时西欧传统景观风格盛行的情况下，设计师在设计语言和造型方面做了新的探索。这些探索启迪我们用形式语言去深入研究设计问题，这对设计方案能力的提高、方案构思的把握以及方案设计的进一步推敲和发展都十分有益。

3.3　景观设计方法实例分析

下面结合伯尔特·马克设计的BHF银行内庭院景观设计的例子，说明功能关系图解、基地条件分析和方案构思的方法及其过程。

(1) 基地现状

银行中有座6层高的新建的行政管理大楼，其构造为梳型，朝向西南方并连接高速公路。平面图中黄色区域为要求设计的内庭院部分，3个内庭院地坪高度均不同（图3.13）。

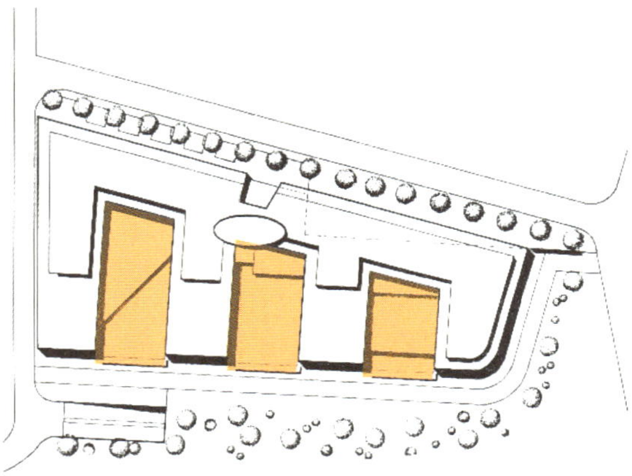

图3.13　BHF银行内庭院景观设计现状图

(2) 任务书

现准备在该基地上建设3个内庭院，具体设置内容如下：

- 处理内庭院中不同落差的基地现状；
- 开辟人行通道；
- 提供休憩场所；
- 布置庭院植物，进行绿化设计；
- 设计中体现较现代的风格，3个庭院相互呼应。

(3) 功能关系图解

首先将需设置的内容列成框图形式。这些内容之间有着一定的联系，会有很多种排列和组合的方式，在探寻其间理想的功能关系时，可先粗略地建立起一种关系，然后检验它们之间有无冲突和矛盾，并作出评价。评价可采用累积分法和符号标记法，先将关系合理的记上“+”号，不合理的标以“－”号，然后再加以整理。每次调整之后，负的关系应该越来越少，总的关系应该逐渐趋于理想化。但应该注意，功能关系图解只是一种抽象的图示方法，注重的是相互之间理想的关系，而不涉及平面的大小和确切位置。

(4) 基地分析

首先对基地进行调查，并将调查的基地资料（例如植被、水、土壤、气象等）记录到地形图上。然后对整个基地的条件加以分析，作出能反映基地潜力和限制的分析图。另外，在基地分析时可能会产生一些具体的设想。例如，本案中的建筑为梳型，建筑平面的几何性较强，银行的属性使得设计师考虑使用较为现代和硬朗的元素进行设计。基地中采用方形为基本型，结合一些弧形和斜线条来布局平面。材料将植物的绿色和白砂进行对比，点缀灰色和红色的几何石块，色彩分明，肌理丰富。同时，植物也追随整体风格修剪成为几何形状，现代中又带有欧洲古典韵味（图3.14）。

(5) 方案构思

方案构思不是凭空产生的，是对任务书和基地条件综合了解的结果。功能关系图解和基地分析为全面了解任务书的要求和基地的条件奠定了基础，在此基础上可以为特定的内容安排相应的基地位置，在特定的基地条件上布置相应的内容，然后进一步深化。确定平面形状：使用区的位置和大小、建筑及设施的位置、道路基本线型；确定所用材料：精细的砾石碎块，彩色石质铺层，彩色混凝土板以及方石、玄武岩以及石柱、经过修剪的紫杉、树叶细长的椴树、不同颜色的景天属植被，以及地面射灯的等。每个庭院都按其所在地势进行布局，通过布局的呼应和相像的材料，统一而成为整体。

图3.14　BHF银行内庭院景观设计方案图

4 景观设计基础知识

4.1 景观设计阶段及图纸种类

一个完整的景观项目设计包含4个阶段，分别是：景观概念方案设计阶段——景观方案设计阶段——景观扩初设计阶段——景观施工图设计阶段，4个阶段对于项目不断进行深入设计。设计的每一阶段对于图纸的要求都不一样，下面将四个阶段所需的设计图纸名称进行列表汇总（表4.1～表4.4）。

表4.1 景观概念方案设计阶段图纸

序号	图纸名称	备注
1	设计说明	强调设计理念、设计特点和设计定位
2	总平面设计草图	突出功能分区和重要节点的安排
3	手绘效果图	部分重要节点的手绘草图

表4.2 景观方案设计阶段图纸

序号	图纸名称	备注
1	设计说明	包括项目背景、用地条件、设计理念、设计特点、设计构思、种植设计说明等
2	总平面布置图	
3	环境景观设计空间、视线分析图	
4	环境景观设计交通、道路组织图	规划道路、消防道、步行系统、地下车库出入口等
5	环境景观设计功能分析图	
6	总平面竖向设计图	
7	总体剖立面图	
8	地面铺装设计图	
9	灯光配置方案性设计图	
10	标识牌、背景音乐、垃圾桶等家具平面布置图	
11	分区平面放大图	主入口、次入口、重要节点等
12	细部平面、立面、剖面设计图	
13	植物配置意向性设计图	
14	反映景观设计意向图的效果图多张	包括整体鸟瞰图
15	景观意向图片	小品、铺地、植物、空间形态意向等
16	其他能表达设计意向的图纸	
17	方案设计估算书	

表4.3 景观扩初设计阶段图纸

序号	图纸名称	备注
1	设计说明	
2	总平面设计图	功能标注
3	分区平面设计图	

（续）

序号	图纸名称	备注
4	竖向设计图	包括排水意向图
5	表达竖向变化的剖立面图	
6	分区详细竖向设计及排水平面图	
7	表达设计的剖立面图	
8	地面铺装总平面图	
9	分区铺装平面设计图	含铺装材料图片及铺装方式索引
10	绿化配置说明书	
11	绿化布置图	包括总平面、乔灌木、地被三部分
12	植物参考图片	
13	重点地区的放大详图	
14	景观设计中小品的平面、立面、剖面图及节点大样图	
15	灯光、喷泉、喷灌系统定位及效果设计图	
16	室外景观装修材料说明及样本	
17	标识、垃圾箱、座凳等小品设计图	定位、选型或意向性设计等
18	背景音乐系统布置图	
19	设计师认为能表达设计的其他图纸	

表4.4　景观施工图设计阶段图纸

序号	图纸名称	备注
1	施工图设计说明	
2	总平面图	
3	平面定位图	
4	竖向图	
5	索引图	
6	分区图	
7	详图：平面详图	如：铺装平面详图、水池平面详图等
8	详图：节点详图	如：水景施工详图、小品施工详图、围墙详图等
9	详图：剖面详图	如：铺装剖面详图、路牙剖面详图、挡土墙剖面详图等
10	种植设计图	如：平面、立面、剖面及苗木表、植被现状、砍伐移植设计图
11	供电系统图	包括强电与弱电设计，需与专业人员合作
12	给排水系统图	包括给水与排水，需与专业人员合作
13	建筑物或构筑物全套施工图	
14	其他相关图纸及说明等	

4.2 景观设计图纸具体内容

(1) 目录

成套图纸必须编写图纸目录，放在成套图纸的最前面，标明成套图纸的图名、图号、图纸规格等内容，包括采用的通用设计图。目录中也应列出设计中采用的但不发图的国家、行业标准图号或图集的信息。

(2) 工程位置图（图4.1）

工程位置图属于示意性图纸，表示该工程在城市区域内的位置，要求简洁明了。内容包括：

- 标示地域街道系统与名称
- 现有的土地使用形态
- 区域现有排水形态
- 规划的位置及其明显的外围及标示

(3) 总平面图（图4.2）

景观平面图是一种直角投影，与航拍照片很相似，它表示物体的尺寸、形状及物体间的距离。平面图绘制就是将未来在基地上各种不同元素的详细位置及大小标示于图面上，例如，道路、步行道、墙、植物、建筑物、庭园设施等。在景观设计过程中我们可以利用各种平面图来说明设计经过的情况，例如，基本资料收集、分析、思考的过程，概念的形成过程及最后设计成品的表达、建造方式的说明等。

平面图大约可以分为六大类：

说明资料类　例如，区域图、关系位置图。

基本资料类　例如，基地范围图、地形图、植栽现状图、土地使用现状图等。

分析图　例如，基地分析图、坡度分析图、景观分析图（图4.3）。

设计概念图　例如，设计概念图解等。

设计图　例如，设计草图、正图等。

施工图　例如，土木、水电、建筑施工图、景观植栽施工图等。

景观总平面图一般包括以下内容：

- 城市坐标网、场地建筑坐标网、坐标值；
- 场地四界的城市坐标和场地建筑坐标（或注尺寸）；
- 建筑物、构筑物（人防工程、化粪池等隐蔽工程以虚线表示）定位的场地建筑坐标（或相互关系尺寸）、名称（或编号）、室内标高及层数；

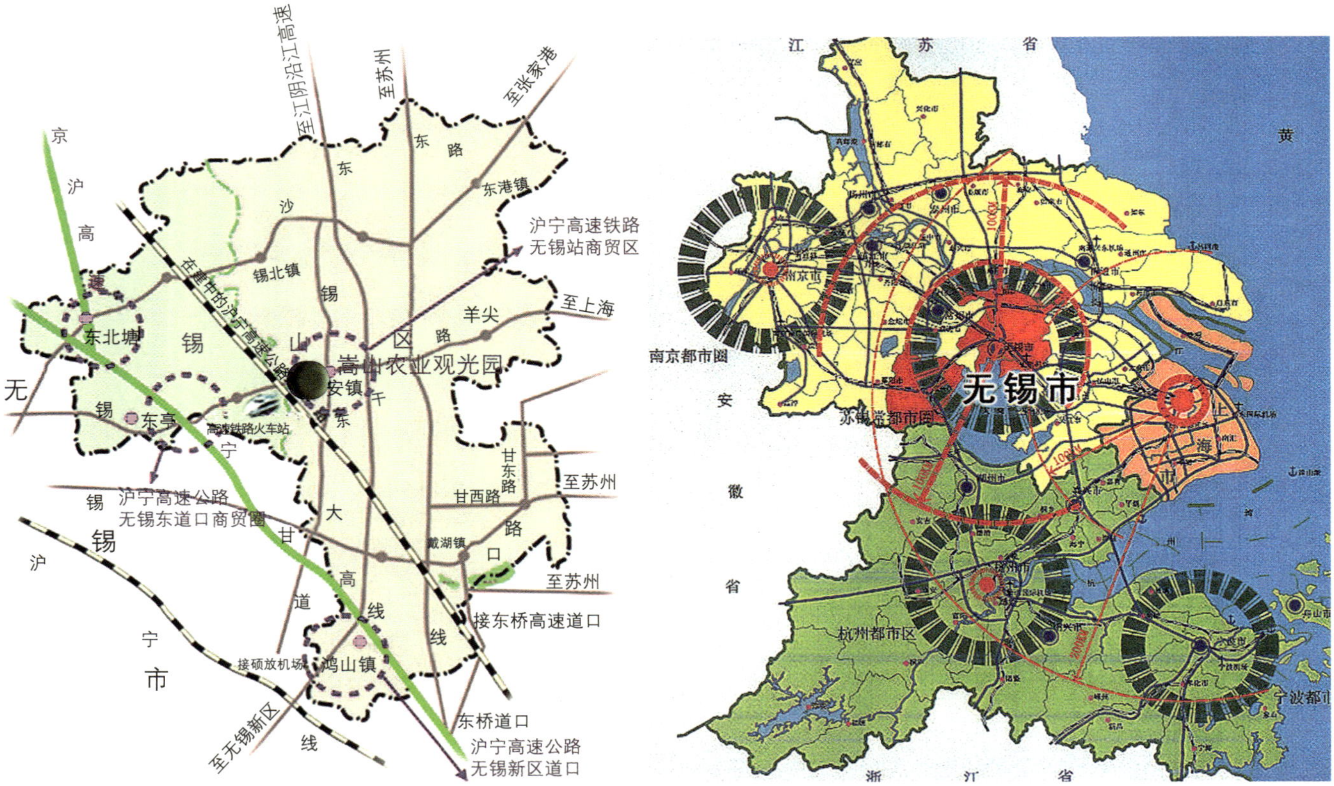

图4.1　区位分析图

图4.2 彩色总平面图

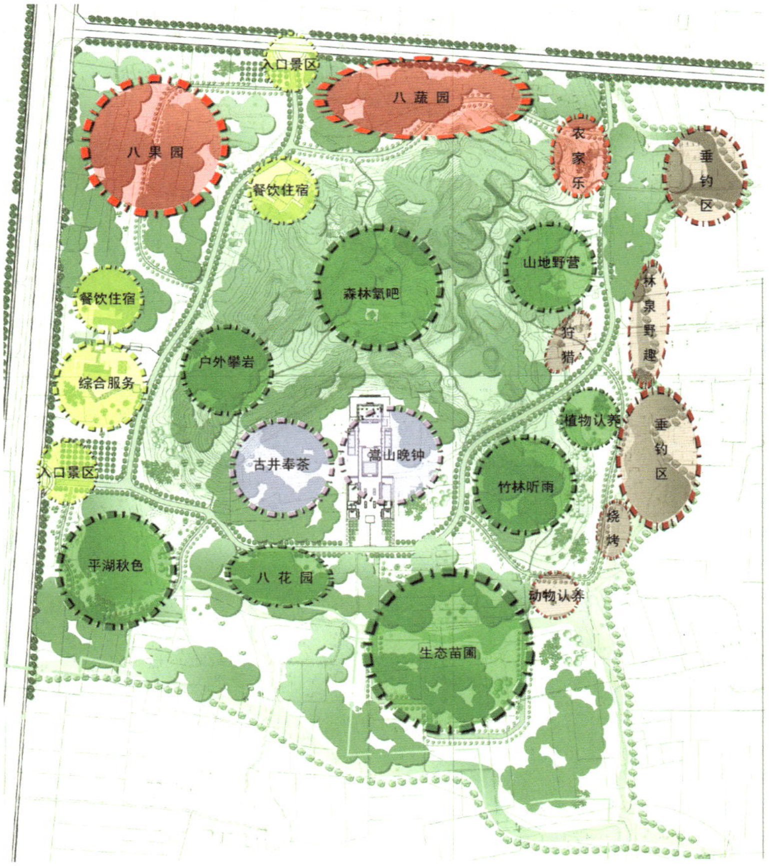

图4.3 景观节点分析图

图4.4　现状分析图

- 拆除旧建筑的范围边界，相邻单位的有关建筑物、构筑物的使用性质、耐火等级及层数；
- 道路、铁路和明沟等的控制点（起点、转折点、终点等）的场地建筑坐标（或相互关系尺寸）和标高、坡向箭头、平曲线要素等；
- 绿化布置图：植物种类及名称、行距和株距尺寸、群栽位置范围，与建筑物、构筑物、道路或地上管线的距离尺寸，各类植物数量（列表或旁注）；
- 指北针、风玫瑰；
- 建筑物、构筑物使用编号时，列“建筑物、构筑物名称编号表”；
- 说明栏：尺寸单位、比例、城市坐标系统和高程系统的名称，城市坐标网与场地建筑坐标网的相互关系，补充图例、施工图的设计依据等。

(4) 现状分析图（图4.4）

现状图是将基地的自然与人文特性，依据景观研究分析图的结果图，通常是用来解说设计方案的主题以及概念，如地势分析图、坡地分析图、排水型态分析图、土壤分析图等。

根据已经掌握的全部资料，经分析、整理、归纳后，分成若干空间，对现状作综合评述。可以用圆形圈或抽象图形将其概括地表示出来。例如：经过对四周道路的分析，根据城市道路的情况，确定出入口的大体位置和范围。同时，在现状图上，可分析景观设计中有利和不利因素，以便为功能分区提供参考依据。

(5) 规划平面图（图4.5）

- 应按规划建设管理部门提供的建设项目红线图及规划设计条件书要求进行设计。
- 生产区、办公区、生活区、配套动力区应分区明确。
- 在保证生产工艺等需要的前提下须确保沿路、沿河建筑景观。
- 应注意区内道路通畅且满足消防规范要求。
- 建筑占地面积、总建筑面积、绿地率等主要规划经济技术指标应计算无误。

(6) 规划剖面图（图4.6）

规划剖面图是依据地形图上的等高线绘制而成的剖面图。它能使人更直观地了解和判断已知方向线上某一区间的地势起伏情况，以及地面点的通视情况。

规划剖面图可以直观地表示地面上沿某一方向地形的起伏状况，它的绘制是以等高线地形图为基础转绘而成的，它是沿等高线地形图某条线下切而

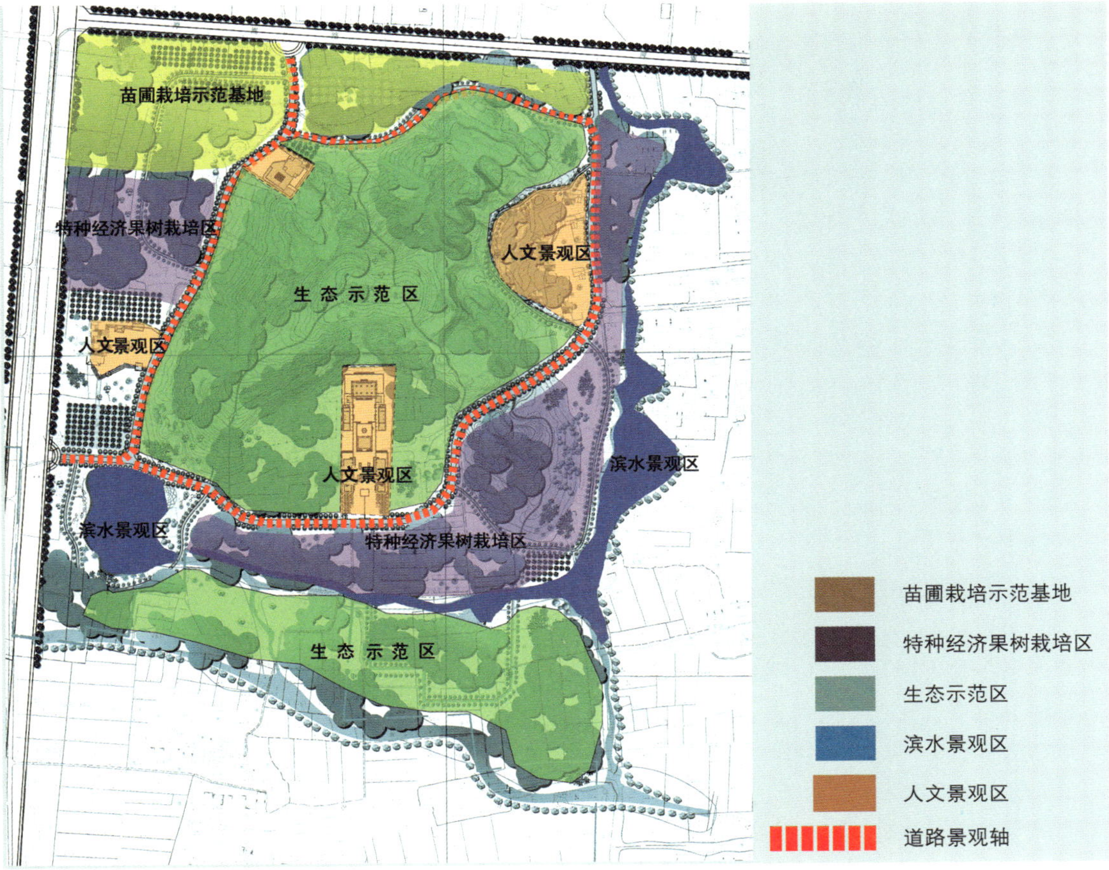

图4.5　规划平面图

图4.6　规划剖面图

显露出来的地形垂直剖面。绘制规划剖面图的主要步骤为：定线→找点→取尺→画矩形并作平行线与垂直虚线→定位→点点相连。

(7) 竣工总平面图

编制竣工总平面图的目的一是为了全面反映竣工后的现状，二是为以后建（构）筑物的管理、维修、扩建、改建及事故处理提供依据，三是为工程验收提供依据。

竣工总平面图是设计总平面图在施工后实际情况的全面反映。由于在施工过程中可能会因设计时没有考虑到的问题而使设计有所变更，所以设计总平面图不能完全代替竣工总平面图。

竣工总平面图的编绘，包括室外实测和室内资料编绘两方面的内容。

竣工总平面图上应包括建筑方格网点、水准点、建（构）筑物辅助设施、生活福利设施、架空及地下管线、铁路等建筑物或构筑物的坐标和高程，以及相关区域内空地等的地形。有关建筑物、构筑物的符号应与设计图例相同，有关地形图的图例应使用国家地形图图式符号。建筑区地上和地下所有建筑物、构筑物绘在一张竣工总平面图上时，往往因线条过于密集而不醒目，为此可采用分类编图，如综合竣工总平面图、交通运输总平面图和管线竣工总平面图等等。比例尺一般采用1:1000。若不能清楚地表示某些特别密集的地区，也可在局部采用1:500的比例尺。

编绘竣工总平面图的依据是：

- 设计总平面图，单位工程平面图，纵、横断面图，施工图及施工说明。
- 施工放样成果，施工检查成果及竣工测量成果。
- 更改设计的图纸、数据、资料（包括设计变更通知单）。

竣工总平面图的编绘方法是：

- 在图纸上绘制坐标方格网：绘制坐标方格网的方法、精度要求，与地形测量绘制坐标方格网的方法、精度要求相同。
- 展绘控制点：坐标方格网画好后，将施工控制点按坐标值展绘在图纸上。展点对所临近的方格而言，其容许误差为±0.3mm。
- 展绘设计总平面图根据坐标方格网，将设计总平面图的图面内容，按其设计坐标，用铅笔展绘于图纸上作为底图。
- 展绘竣工总平面图：对凡按设计坐标进行定位的工程，应以测量定位资料为依据，按设计坐标（或相对尺寸）和标高展绘。对原设计进行变更的工程，应根据设计变更资料展绘。对凡有竣工测量资料的工程，若竣工测量成果与设计值之比差，不超过所规定的定位容许误差时，按设计值展绘；否则，按竣工测量资料展绘。

(8) 定位图（图4.7）

总平面放样定位图，俗称方格网图。扫描矢量化的作业过程一般是将原始的图件（如薄膜图、纸图等）经扫描仪扫描成栅格图像，再进行数据采集的。采用一种标准的格网图，可以较好地检验软件对均匀分布的格网点经扫描后再采集的精度影响，从而分析其误差分布的规律。

(9) 竖向图（图4.8）

景观竖向图是根据景观设计平面图及原地形绘制的地形平面详图，它表明了地形在竖向上的变化情况，是进行地形改造及土石方预算的依据。

竖向布置是根据建设项目的使用要求，结合用地地形特点和施工技术条件，合理确定建筑物、构筑物道路等标高，做到充分利用地形，少挖填土石方，使设计经济合理，这就是竖向布置的主要工作。

竖向布置的目的是改造和利用地形，使确定的设计标高和设计地面能满足建筑物、构筑物之间和场地内外交通运输合理要求，保证地面水有组织的排除，并力争土石方工程量最小。竖向设计应说明设计依据，如城市道路和管道的标高、工艺要求、运输、地形、排水、供水位等情况以及土石方平衡、取土或弃土地点、场地、平整方法等。还应说明竖向布置方式（平坡式或台阶式），地表水排除方式（明沟或暗沟系统）等。若采用明沟系统，还应阐述其排放地点的地形、高程等情况。

竖向图应包括以下几方面：

- 场地施工坐标图、坐标值。
- 建筑物、构筑物名称（或编号）、室内外设计标高。
- 场地外围的道路、铁路、河渠或地面的关键标高。
- 道路、铁路、排水沟的起点、变坡点、转折点和终点等设计标高。
- 用坡向箭头表示地面坡向。
- 指北针。
- 说明栏：尺寸单位、比例、高程系统名称等。

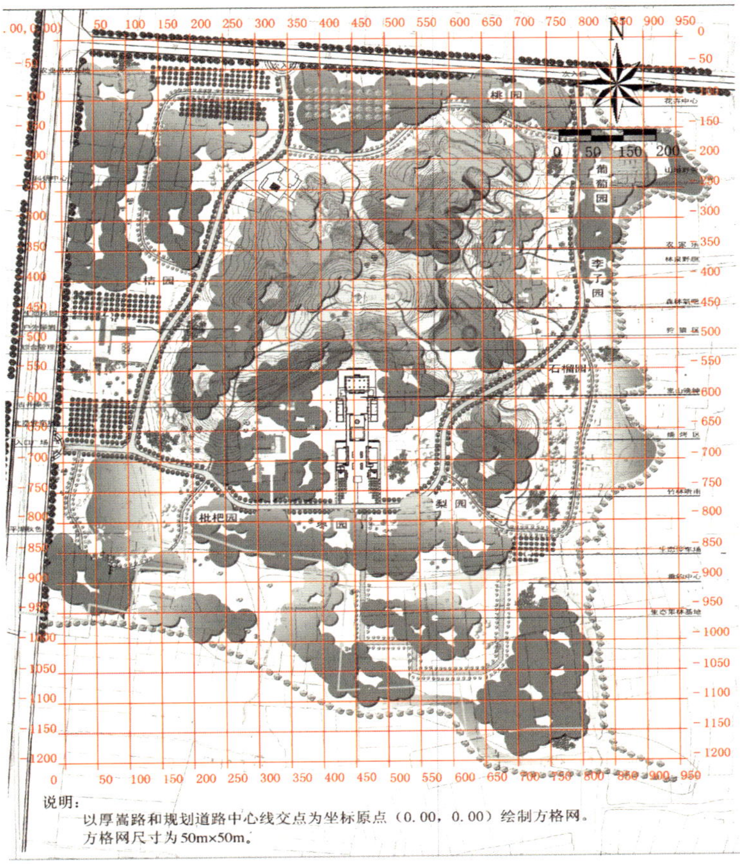

图4.7　平面定位图

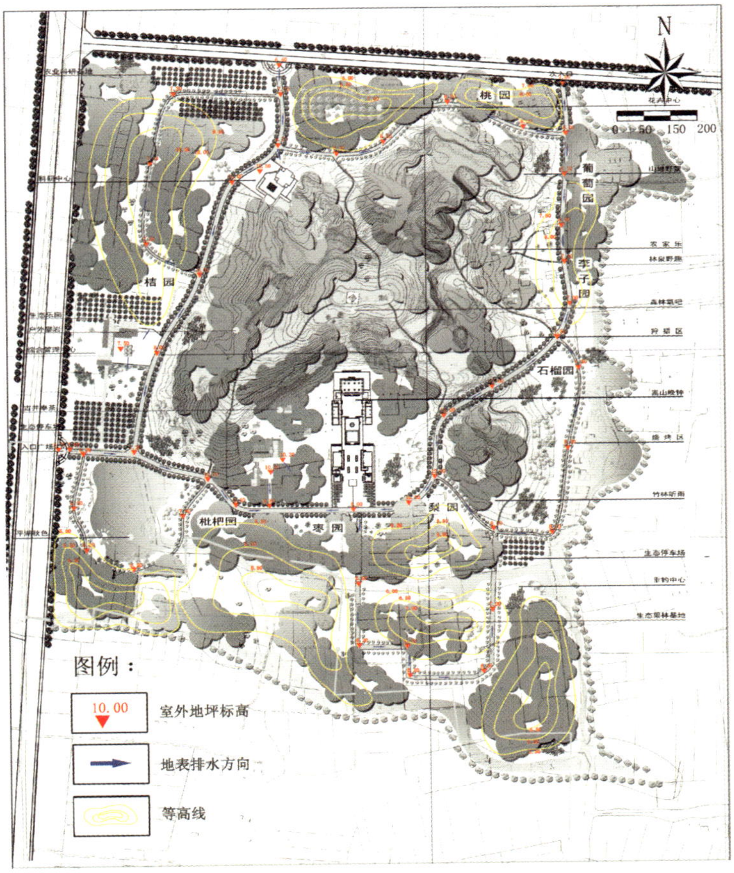

图4.8　竖向分析图

(10) 剖面图（图4.9）

剖面图是描绘出物体在切割线的平面垂直投影图，它着重于空间性质研究和处理。如果从某一视点方向切去所得的断面图，称为纵剖面图，垂直此方向割切所得的断面图，称为横剖面图。

剖面图显示了被切的表面和（或）侧面轮廓线，以及在剖面线前一段距离内相同比例的所有元素。景观剖面图有两个特性：一条明显的剖面轮廓线；同一比例绘制的所有垂直物体，无论它距离此剖面线多远。

剖面图的目的与价值：

- 为了强调垂直元素与活动及机能的相关重要性在剖面图中为了显示人、活动和机能以及建筑环境，应该将水平及垂直元素保持同一比例。
- 为了显示在配置平面图中隐藏的元素，洞穴、悬挑、水的深度及地下物体是一些在平面配置图中无法显示出来的元素。
- 为了分析优势地点的景观及视野。
- 为了研究地形。
- 为了说明景观资源。
- 为了说明气候及微气候的重要性。
- 用于灯光研究。
- 为了说明生态学上的关系。
- 用以显示建造元素的内部结构。

(11) 详图（图4.10～图4.13）

对景观的细部用较大的比例（1：50、1：20、1：10、1：5、1：2、1：1等）将其形状、大小、材料和做法，按正投影图画法详细地表示出来的图样，称为详图。详图是整套施工图中不可缺少的部分，是施工过程中准确地完成设计意图的依据之一。

详图的图示方法视细部的构造复杂程度而定。详图的特点是比例较大、图示详尽清楚 、尺寸标注齐全。

一般包括平面详图（如：入口处局部平面详图、水池平面详图、小庭院平面详图）、剖面详图（如：铺装剖面详图、路缘石剖面详图、边沟剖面详图、挡土墙剖面详图等）。

剖面详图可称为营造剖面图，它们是施工大样

图4.9 剖面图

图4.10 入口大门平面详图

图4.11 入口大门造型顶详图

图4.12 入口大门立面详图

图4.13 花坛详图

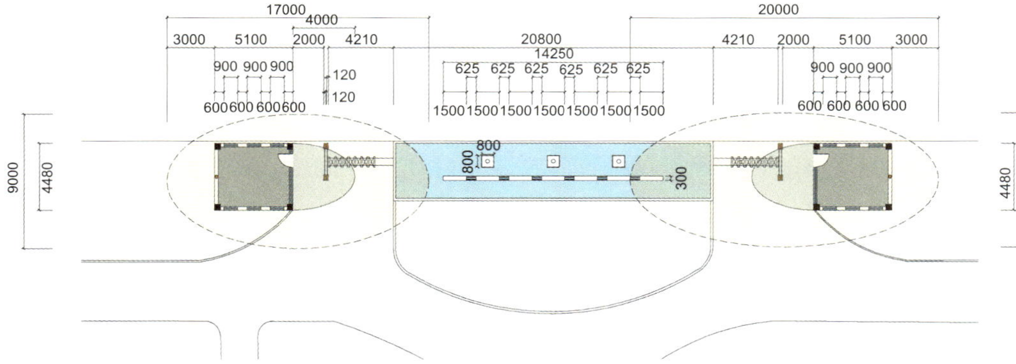

10

新江南乐府大门树叶造型顶平面图1：150

11

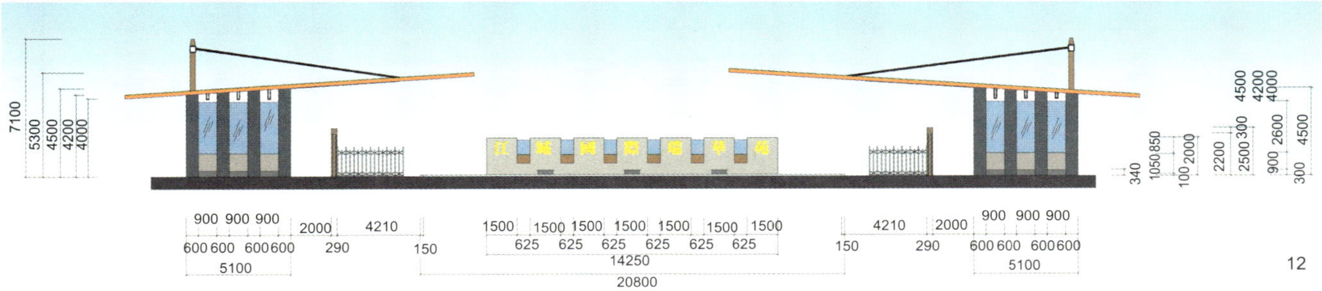

12

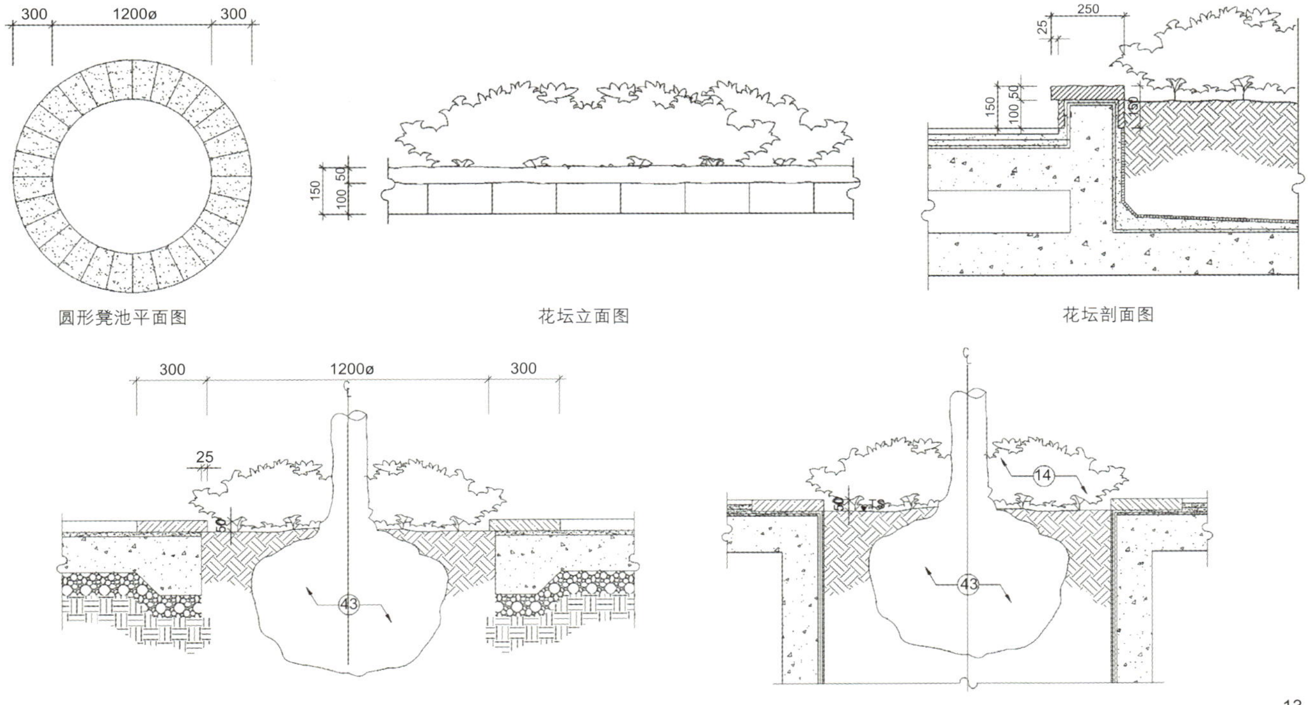

13

图的一部分。它主要显示结构组件的细部及其组合的方法。

(12) 环境小品、标志配置图（图4.14）

环境小品设施作为景观的重要补充，不仅具有改善环境景观的功能，而且还具有实用和审美功能。环境小品大致有以下两个特性：功能性和艺术性，所谓功能性是指大多都有实际使用功效。例如，休息座椅、垃圾桶和指示标牌，所谓艺术性是指其造型应该很好地与城市景观风格相结合，设计审美要求比较高，要体现现代城市的美。

小品设计图必须先做出山石等施工模型，以便施工时掌握设计意图。参照施工总平面图及竖向设计画出山石平面图、立面图、剖面图，注明高度及要求。

图4.14 凉亭详图

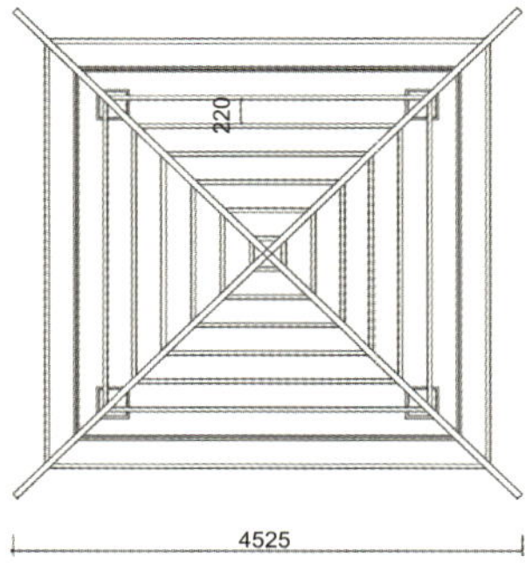

凉亭俯视图

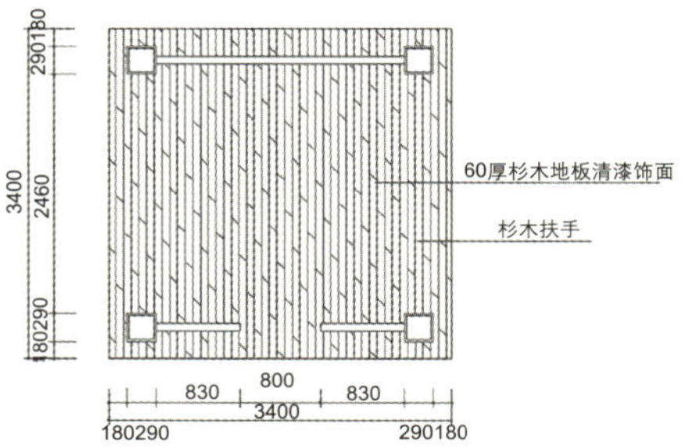

凉亭平面图

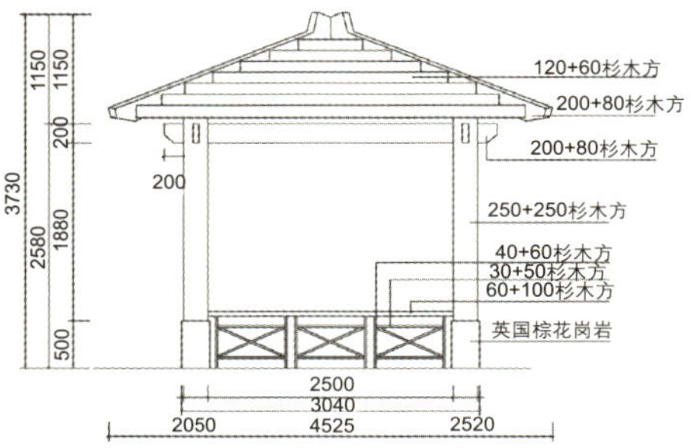

凉亭立面图

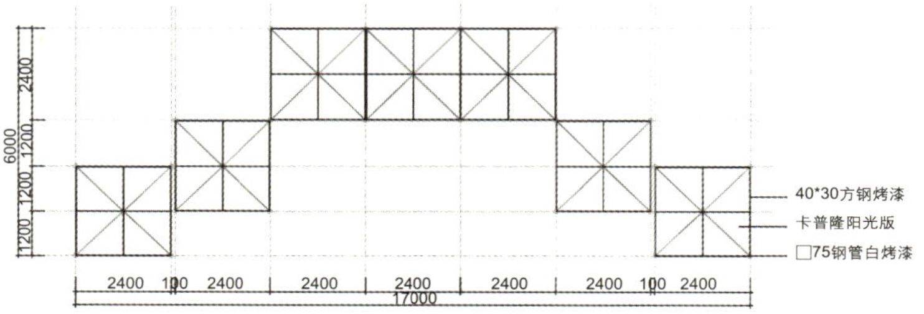

凉亭二平面图

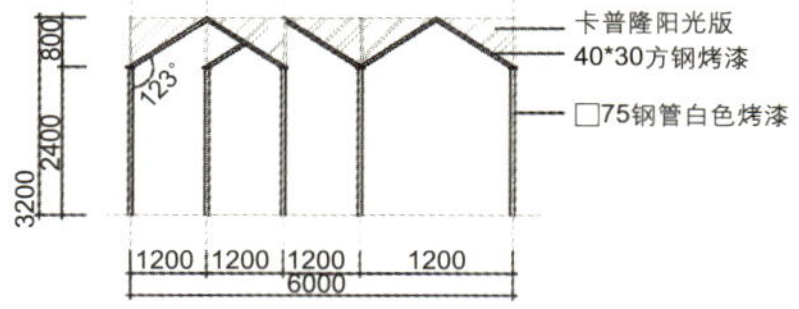

凉亭二侧立面图

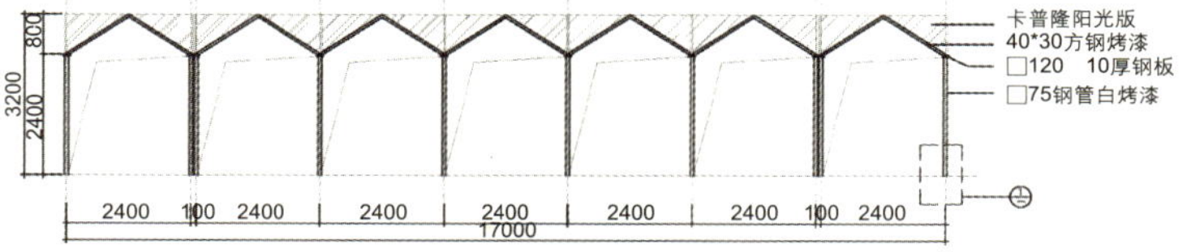

凉亭二正立面图

5 景观设计要素

地形、水体、植被、景观小品与构筑物是构成景观实体的四大要素，它们相辅相成，共同形成园林环境，构成景观空间。

5.1 地形要素

5.1.1 地形的造型特征

地形地貌因素对于景观建成的效果影响最大，现有地形地貌也是设计最主要的现状条件。高山、平原、沟壑、河谷等地形地貌各有其美学上的特征。同时，地形条件对于观者视线、空间感觉和微气候的形成都至关重要。

一般来讲，大地是由各种各样的地形地貌相互拼接，延续开去，其坡度或平缓或陡峭。景观设计师应当从地块的种种地形特征中总结出主要特征即对设计项目影响最大的特征，掌握其相对应的空间特征和适合塑造什么样的空间和场地。一般将地形按其形态特点分为以下几类：

(1) 平坦地貌

在客观现实中没有绝对的平坦，这里所说的平坦指的是地形起伏坡度很缓，最为简单和安定，其地形的变化不足以引起视觉上的刺激效果。平坦地形主要的视觉对象是天空和开放空旷的大地，缺乏安定感和围合感。

对于平坦性地形，往往需要通过颜色鲜艳、体量巨大、造型夸张的构筑物或雕塑来增加空间的趣味，形成空旷地的视觉焦点或通过构筑物强调地平线和天际线的水平走向，形成大尺度的韵律；或通过竖向垂直的构筑物形成和水平走向的对比，增加视觉冲击力；也可以通过植物或者沟壑进一步划分空旷的空间。

(2) 凸形地貌

凸起的地貌，例如山丘和缓坡，相对于平坦性地貌而言具有动感和变化，在一定区域内形成视觉的中心。人的视觉相应的有了向上和向下两个方向，所以在设计的时候往往会在高起的地方设置构筑物和建筑，以便人能从高处向四周远眺。同时，也必须注意从四周向高处看时地形的起伏和构筑物之间所形成的构图和关系，还要注意建筑和构筑物的形态特征，要有特色，以便形成这一区域的地标。

(3) 山脊地貌

山脊地形是连续的线性凸起型地形，有明显的方向性和流线。所以设计游览路线时往往要顺应地形所具有的方向性和流线，如果路线和山脊线相抵或垂直，容易使游览过于疲劳，违背人们乐于沿着山脊旅行的习惯。

(4) 凹型地貌

凹型地貌和凸型地貌相反，两个凸型地貌相连接形成的低洼地形为凹型地貌。因为其具有一定的尺度闭合效应，所以人类最早的聚居区和活动空间往往就是在这种凹型地貌中。凹型地貌周围的坡度限定了一个较为封闭的空间，这一空间在一定尺度内易于被人类识别，而且给人们的心理带来了某种稳定和安全的感觉。凹型地貌周围的屏障有效地阻挡了外界的干扰和直接吹袭而来的风，在大自然中形成易于居住的小环境。凹型地貌的内向性，往往被用作观演空间，例如城市中的下沉广场，周边的斜坡可以作为露天的座位，中间的平地作为观演活动的中心。

(5) 谷地

谷地是一系列连续和线性的凹型地貌，其空间特性和山脊地形正好相反。

上述5种地形地貌是我们在景观设计中最常遇到的。在实际的操作过程中，大多数基地都是由两种以上的地貌组合而成的，景观设计师在充分了解了实地的地形地貌特点后，通过改造，例如挖掘或填充，来进一步生成和划分空间，以此作为景观设计空间形态的原型。

一般来说，户外空间有几个因素影响了人们的空间感受：

- 空间的地面，指可以供人活动的地面。
- 水平线和轮廓线，也就是我们常说的天际线。
- 封闭性坡面的坡度，坡面的坡度大小影响了空间限定性的强弱。

这就要提到视觉封闭性和视觉圆锥之间的关系。所谓视觉圆锥指的是人的视觉基本上是呈现一个圆锥的形态。当地面、轮廓线和周边坡度3个因素所占的面积在观察者45° 视觉圆锥以上，则产生完全封闭的空间；如果三者所占面积处于30° 视觉空间左右时则产生了封闭空间；最微弱的封闭感是三者面积处于18° 视觉圆锥，低于18° 空间给人的封闭感微乎其微，就不能称之为封闭性空间而是开敞空间了。

在景观设计中，我们不但利用地形来营造不同的空间形态，而且可以通过坡度来遮挡令人不悦的事物，也可安排游者在到达开阔地段之前先遇到一些阻挡和视觉障碍，这样可以通过对比强化开阔感，也可通过坡地遮挡一部分景物，引起人的好奇感，或者通过不断上升的坡地营造一种前进的序列。

5.1.2 地形地貌的图示

(1) 等高线法

等高线法是最基础和使用最广泛的一种方法，等高线是以某个参照水平面为依据，用一系列等距离假想的水平面切割地形后获得交线的水平正投影图表示地形的方法。把地面上海拔高度相同的点连成的闭合曲线，垂直投影到一个标准面上，并按比例缩小画在图纸上，就得到等高线（图5.1）。两相邻等高线切面之间的垂直距离称为等高距，水平投影图中两相邻等高线的垂直距离称为等高线平距。地形等高线图只有在标注比例尺和等高线距后才能揭示地形。一般地形图中有2种等高线，一种是基本等高线，称为首曲线，常用细实线表示；另一种是每隔4根首曲线加粗一根并注上高程的等高线，称为计曲线（图5.2）。一般情况下，原地形等高线用虚线，设计等高线用实线表示。如果要绘制地形剖面，我们可以做出高程的平行线组，然后按照地形等高线做出等高线和剖切位置线的交点，最后将这些交点延伸至高程平行线组，再将交点绘一平滑曲线，这条平滑曲线就是这一剖断位置的地形轮廓线。

等高线的特性是：① 位于同一等高线上的地面点，海拔高度相同；② 在同一幅图内，除了悬崖以外，不同高程的等高线不能相交。在图廓内相邻等高线的高差一般是相同的，因此地面坡度与等高线之间的水平距离成反比，相邻等高线水平距离越小，等高线排列越密，说明地面坡度越大；相邻

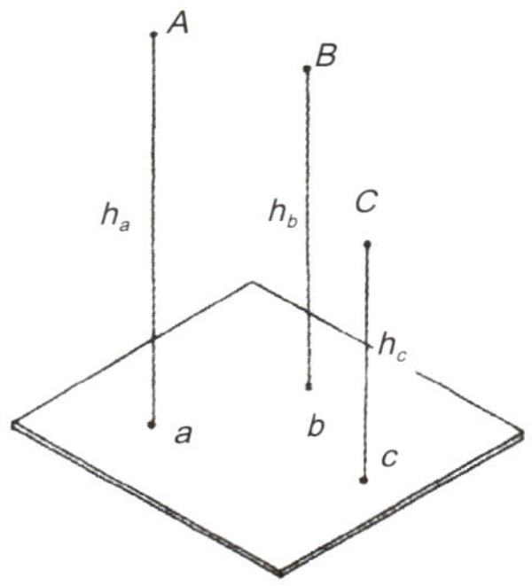

(a) 标高投影示意

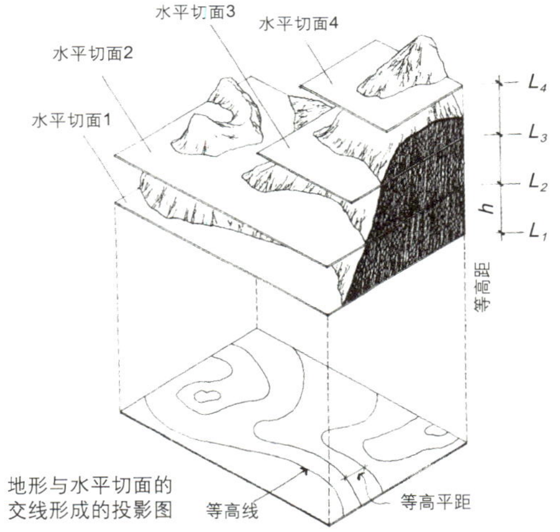

(b) 地形标高投影

图5.1 地形等高线法示意

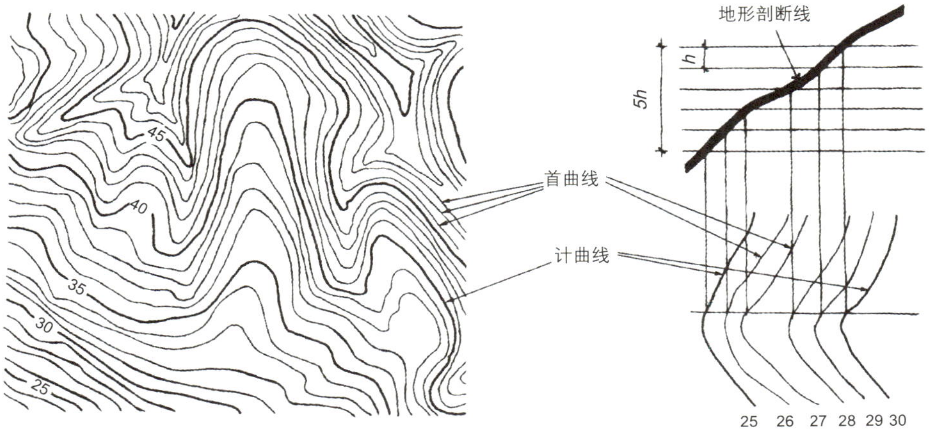

图5.2 首曲线和计曲线

表5.1　等高线特性表

地形	山地山峰	盆地洼地	山脊	山谷	鞍部	峭壁陡崖
表示方法	闭合曲线 外低内高	闭合曲线 外高内低	等高线凸向山脊连线高处	等高线凸向山谷连线高处	一对山谷等高线组成	多条等高线汇合重叠在一处
示意图					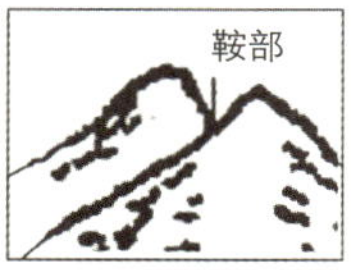	
等高线图	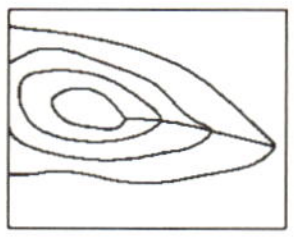	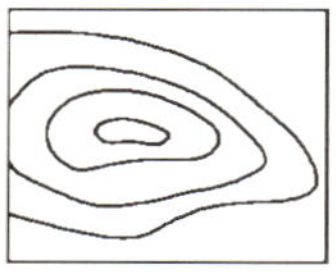	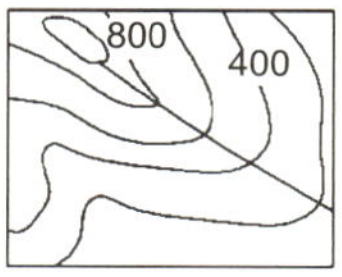	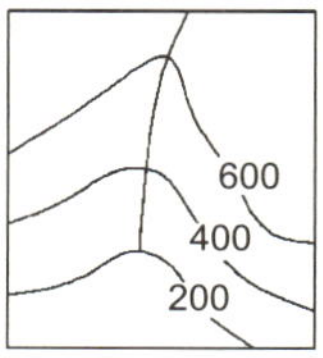	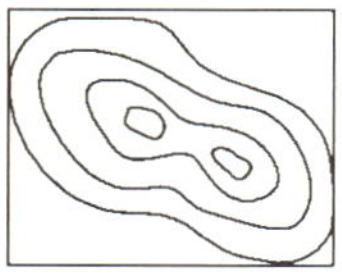	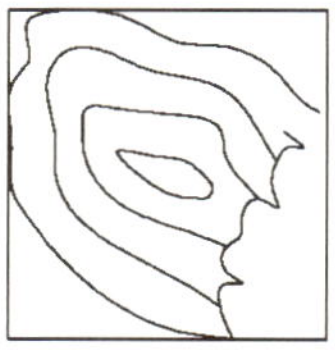
地形特征	四周低 中部高	四周高 中部低	从山顶到山脊凸起部分	从山顶到山麓低凹部分	相邻两个山顶之间，呈马鞍形	近于垂直的山坡称峭壁，峭壁上部突出处，称悬崖或陡崖
说明	示坡线画在等高线外侧，坡度向外侧降	示坡线画在等高线内侧，坡度向内侧降	山脊线也叫分水线	山谷线也叫集水线	鞍部是山谷线最高处、山脊线最低处	

等高线之间的水平距离越大，等高线排列越稀，则说明地面坡度越小。因此等高线能反映地表起伏的势态和地表形态的特征（表5.1）。

(2) 高程标注法

在表示地形图中某些特殊地形点时，可用十字或圆点标记这些点，并在标记旁注上该点到参照面的高程,一般标到小数点后两位（图5.3）。

(3) 线影表现法

线影是画于等高线之间平行坡面短而不相连的线。线影法表示一般先绘制等高线，在等高线间加上线影，通常线影法是用来表达地貌特征或描述基地之地貌外观用（图5.4）。

另外还有一种利用线影表现强调出基地地貌三维特征的方法——海拔高度表现图（图5.5）。

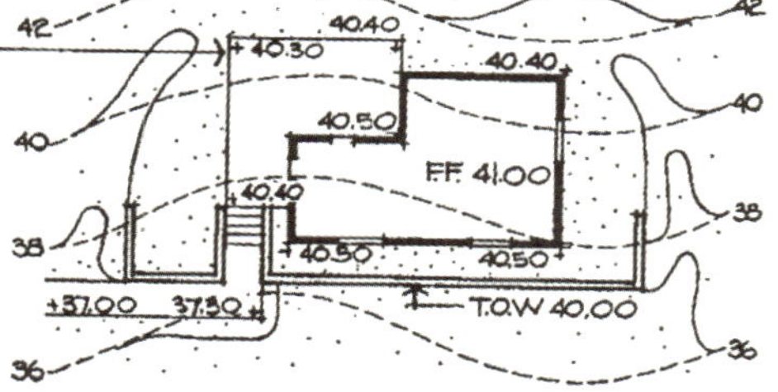

图5.3　高程标注法　3

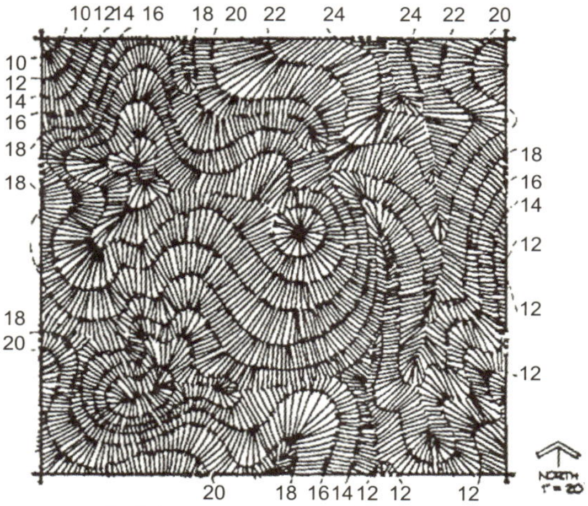

图5.4　线影表现法　4

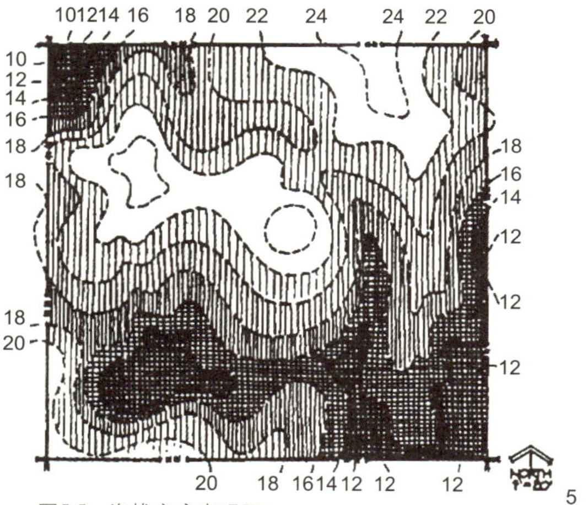

图5.5　海拔高度表现图　5

5.2 水体要素

5.2.1 水体的形态

水是景观艺术创作的一个要素，充分利用水的流动、多变、渗透、聚散、蒸发的特性来造景，可以构成多种格局的景观，艺术地再现自然。

水景设计是景观设计的难点，也经常是点睛之笔。正因为其柔性和形态多样，景观设计时也较难把握，在建成之后也必须经常性地维护。我们一般讲景观设计中的水有4种基本形态（图5.6）：

流水　有急缓、深浅之分；也有流量、流速、幅度大小之分，蜿蜒的小溪，淙淙的流水使环境更富有个性与动感。

落水　水源因蓄水和地形条件之影响而有落差溅潭。水由高处下落则有线落、布落、挂落、条落、多级跌落、层落、片落、云雨雾落、壁落，时而潺潺细语，幽然而落；时而奔腾磅礴，呼啸而下。

静水　平和宁静，清彻见底。

压力水　喷、涌、溢泉、间歇水，动态的美，千姿百态。

由于近年来技术设备的发展，出现了很多新颖形式的水景。

图5.6　水体形态

5.2.2 瀑布景观

瀑布的水位有高差变化，常成为设计焦点，变化多，视觉趣味多。凡利用自然或人工水聚集一处，使水从高崖落下，落下之水，因瀑落而形成一条白水带，即为瀑布。

在景观中，瀑布的设计主要是利用地形高差和砌石形成的人工瀑布来改善景观。瀑布中水落石的形式和水流速度的设计决定了瀑布的形式，一般根据人们对瀑布形式的要求，选择水落石和水流的速度，把它们综合起来，使瀑布产生微小的变化，传达不同的感受。

(1) 瀑布的形式（图5.7）

自由瀑布

- 直接由高处落下。
- 依流量、流速、高度差、瀑布涯的边缘状况，瀑布有不同的外貌和声响。

分层瀑布

- 瀑流有阻碍物或平面使水流变缓。
- 流量、高度、承水面可控制。
- 注意层数以免反效果。

斜坡瀑布

- 落水由斜坡滑落。
- 斜坡表面质地、性质影响表现。
- 较平静、含蓄。

枯瀑

有瀑布之型而无水者称之枯瀑。枯瀑可依据枯水流的设计方式，完全用人为之手法造出与真瀑布相似的效果。

(2) 瀑布的构造

瀑布的水量较大，通常采用循环水，瀑布水量越大，越接近大自然，气势雄伟。瀑布的构造设计包括了水槽出水口、瀑布面、蓄水池及水流。

5.2.3 喷泉造型

喷泉由压力水通过喷头而构成，造型自由度大。

(1) 喷泉的分类

自然仿生基本型　模仿花束、水盘、蜡烛、莲蓬、气瀑、牵牛花等的喷泉。

人工水能造景型　瀑布、水幕、连续跌落水跃式等的喷泉。

雕塑装饰型　具有雕塑、纪念小品的喷泉。

音乐喷泉型　与音乐一起协调同步喷水的喷泉。

(2) 喷泉的水景造型（图5.8）

射流喷泉　采用直流喷头喷得高而远，角度还可任意调节，特别适合于要求水流成组变化特快的程控喷泉，其组成的射流水景造型也特潇洒。

膜状喷泉　其特点是利用水膜喷头形成的薄膜新颖美丽，剔透玲珑，活泼小巧，且噪音低，充氧能力强，但易受风力干扰。

图5.7　瀑布的形式

图5.8 喷泉水景造型

气水混合喷泉 利用加气喷头使水压通过喷头形成高速水流，带动吸入大量空气泡形成负压，气泡的漫反射作用使水流呈雪白色，大大改善了照明着色效果，同时使空气加湿和使水充氧加强，产生了冷却与除尘作用，使得以较少量的水，达到较大的外观体量，气水混合形态的喷泉造型壮观、浑厚，然而能耗大，噪音也较大。

水雾喷泉 利用特制的喷雾喷头，喷出雾状般水流，能以少量水喷洒到大范围，造成气雾濛濛的环境，当有灯光或阳光照射，可呈现异彩纷呈的景象。特别对水的冷却、充氧加强，对空气的加湿、除尘作用明显。与其他喷水、彩灯配合造型，更能烘托环境气氛。

溢泉与涌泉 可分为有动力增压和无动力增压两种。可制造出静水涟漪的景观，也可设计成让水在墙上流，再配以盛水的仿生水盘或流水叠石，别有一番情趣 。

(3) 喷泉的构造

喷泉的构造包括了给水系统、喷水形式排水管及溢水口配管、喷水装置的电源及照明、附属物。

5.2.4 人工水池

人工水池在景观造景中通常就地势低洼处，以人工开凿，有时也在重要位置做主景挖掘。映射天空或地面景物、感觉似真似幻，能强调景观的效果。

(1) 人工水池的形态和分类

水景中人工水池的形态种类繁多，大体可分为以下几类（图5.9）：

自然式和几何式

图5.9 人工水池的形态

图5.10 水景与环境

浅盆式与深水式 浅盆式水深小于600mm，深水式水深大于1000mm。

半岛与岛式

错位式与错落式

池中池

组合式

(2) 人工水池的构造

池底 池底可利用原有土石，也可用人工铺砌砂土、砾石或钢筋混凝土池底，再在其上选用深颜色的池底镶嵌材料，以示水深，也可有一处浮雕突出装饰效果。

池壁 池壁有垂直及坡形两种，池的内壁，可镶嵌瓷砖、罗马砖等做成图案加以装饰。

顶石 池壁顶上应以砖、石、石块、石板、大理石或水泥斩假石等作顶石，顶石与地面平，或高出地面。

给水 池中必须经常贮满水，并需为流动之水，水的来源有自来水及沟渠水两种，给水管可设于池的中央或一端，有时做成喷水、壁泉等形式流出。

排水 为使过多的水或陈腐的水排出，应有排水设备。排水口有两种：一为水平排水，一为水底排水。

(3) 人工水池的池面装饰

增加一些造型特色的雕塑、小品和灯光，或结合功能需要加上一些汀步、跳石等，都能起到点缀景观和活跃气氛的作用。

5.2.5 水景与环境

水体只是构成水景的一个要素，它和其他构成要素相结合才能更好地构成环境。水体往往和驳岸、闸坝、雕塑、小品、植物、灯光和音乐等融合在一起，形成完整、和谐的景观环境（图5.10）。

5.3 植被要素

5.3.1 植被设计原则

植被在景观设计中也是必不可少的因素之一，景观设计中植被的应用成功与否在于能否将植被的非视觉功能和视觉功能统一起来。植被的非视觉功能指植被改善气候、保护物种的功能，而其视觉功能是指植被在审美上的功能，是否能使人感到心旷神怡，通过其视觉功能可以装饰基地和构筑物，成为景观构图中不可分割的部分。

植被在景观中的功能可归纳为四大方面：建筑功能、工程功能、控制气候功能和美学功能。

建筑功能 界定空间、遮景、提供私密性空间和创造系列景观等，这一类功能其实是空间造型功能；

工程功能 防止眩光、防止土壤流失、降低噪音及交通视线诱导；

调节气候功能 遮阴、防风、调节温度和影响雨水的汇流等；

美学功能 强调主景、框景及美化其他设计元素，使其作为景观焦点或背景。

植被对于空间的进一步划分可以在空间的各个面上进行，在平面上植被可以作为地面材质和铺装结合暗示空间的划分，也可进行垂直空间的划分，枝叶较密的植被在垂直面上将空间限定得较为私密，而树冠庞大的遮阴树又从空间顶面将空间进一步划分。

空间层次是随着人的视高变化的，植物的高度决定了空间层次（图5.11）：

地面植物 指美化地面的一些草本植物或藤木等，能遮掩住地面，限定空间界限。

膝高植物 当需要较高和体量稍大的植物限定

图5.11　植物高度与空间层次

空间时，采用中大型地被植物可构成由低到高的种植带。

腰高植物　这一高度的植物多用于分隔两个空间，限定边界。

眼高植物　一般指中型或大型灌木，用于指示方向、封闭空间和阻挡视线。

超过眼高的植物　指大型灌木、乔木等，形成相对固定的空间，领域性较强。

利用树木和植被可将空间进一步划分为以下几类（图5.12）：

开放空间　利用低矮的灌木和地被植物作为空间界定因素，形成流动的、开放的、外向的空间。

半开放空间　在开放空间一侧利用较高的植物造成单向的封闭，这种空间有明显的方向性和延伸性，用以突出主要的景观方向。

开敞的水平空间　利用成片的高大乔木的树冠形成一片顶面，和地面形成四面相对开敞的水平空间。

图5.12　植物对空间的划分

封闭的水平空间　在水平空间的基础上以低矮的灌木在四周加以限定，特性是和周围环境的相对隔离。

垂直空间　将树木的树冠修剪成锥形，形成垂直和向上的空间态势。

植物的色彩和质地也是不容忽视的因素。在景观设计中要注意植被色彩的搭配，例如深绿色能使空间显得安详静谧，深色会让人有景物向后退的感觉；浅绿色相对来讲明亮轻快，令人愉悦，让人有景物向前突进的感觉。

植物的质地主要是指个体或群体在视觉上的粗细感，这是由植物枝叶的形态决定的。常见的植物从叶子分类大概有以下几类：落叶型、针叶常绿型、阔叶常绿型，其中针叶树木的质地较细致，阔叶树的质感较为稀疏。粗质地的枝叶非常容易吸引视线，生命力充沛，有逼近感觉，但应该有节制的使用，以免过于分散和使设计尺度失调。中质地的植物枝叶大小适中，大多数植物属于这一类，我们在景观设计中用得最多的也是这种植物，中质地的植物适于作为粗质地和细质地植物的中介物。细质地的大多属于针叶植物或者叶子较小的落叶型植物，这种植物较适合布置小空间和已经较为拥挤的空间内，会使空间显得宽敞。

5.3.2　树木种植设计

(1) 树木种植原则与要求

树木能以多样的姿态组成丰富的轮廓线，以不同的色彩构成绚丽多彩的景观，因而是构成景观艺术构图的重要内容。由于树木的配置要受立地条件、四周环境和气候条件的制约，如何才能以“适用、经济、美观”的原则来指导树木的选择和树种搭配,是个较为复杂的问题。

符合景观的性质和功能要求，进行树木种植设计，首先要从该景观的性质和主要功能出发，考虑景观艺术的需要。

① 总体艺术布局上要协调

规则式植物配置多对植、行植，而在自然式中则采用不对称的自然式配置，充分发挥植物材料的自然姿态。根据局部环境和在总体布置中的要求，采用不同形式的种植形式。

② 考虑四季景色变化

植物的景色随季节而变化，可分区分段配置，使每个分区或地段突出一个季节植物景观主题，在统一中求变化。

③ 全面考虑植物在观形、赏色、闻味、听声上的效果

④ 配置植物要从总体着眼

在平面上要注意配置的疏密和轮廓线，在竖向上要注意树冠线，树林中要组织透视线。要重视植物的景观层次、远近观赏效果。

选择适合的植物种类，满足植物生态要求，按功能和艺术结合的要求选择植物种类。种植的密度和搭配，树木种植的密度是否合适直接影响绿化功能的发挥，从长远考虑，应根据成年树木树冠大小来决定种植距离。

在树木配置上，应兼顾快长树与慢长树、常绿树与落叶树、乔木与灌木、观叶树与观花树的搭配。在植物配置上还要根据不同的目的和具体条件，确定树木花草之间的合适比例，树木种植搭配时还要注意和谐，要渐次过渡，避免生硬。种植设计要考虑保留、利用原有树木，尤其是名贵古树，可在原有树木基础上搭配植物种植。

(2) 园林树木的配置要点

先面后点　树木配置必须先从整体考虑，大处着眼，小处着手，然后再考虑局部穿插细节，做到“大处添景、小处添趣”。

主次分明　在一个景区内，首先要确定植物的主题和主要观赏区，再布置次要景区。选定主景树种，再选择配景树种。

远近结合　树木配置时，不仅要考虑到一个景区的树木搭配协调，同时要与原有树木有机组合好，与相邻空间或远处的树木和背景及其他景物相呼应，以取得园林空间艺术构图的完整性。此外，还应注意慢生树与速生树的搭配、协调，作到远近结合。

高低组合　在一个园林空间或一个树丛、树群中，乔木是骨干。因此，在植物配置时，先要确定乔木的树种、数量和分布位置，再由高到低，分层配置灌木、藤本、地被植物和花草，这样才能形成完美的主体轮廓线。

疏密合宜　树木种植的密度是否合适直接影响绿化功能的发挥。从长远考虑应根据成年树树冠的大小来决定栽植距离。一般来说，在设计中常采用速生树和慢生树相结合的配置方法，同时树木配置应注意疏密相间、虚实结合，创造出自

图5.13 树木种植设计的形式

然、多变的景色。

(3) 树木种植设计的形式（图5.13）

孤植 是指乔木的孤立种植类型，在特定的条件下，也可以是2～3株，紧密栽植，组成一个单元，但必须是同一树种，株距不超过1.5m，远看和单株栽植的效果类似。孤植的主要功能是构图艺术上的需要，作为局部空旷地段的主景，当然同时也可以蔽荫。孤植作为主景是用以反映自然界个体植株充分生长发育的景观，外观上要挺拔繁茂，雄伟壮观。

对植 是指用两株树按照一定的轴线关系做相互对称或均衡的种植方式，主要用于强调公园、建筑、道路、广场的入口，同时结合蔽荫、休息，在空间构图上是作为配景用的。在规则式种植中，利用同一树种、同一规格的树木依主体景物的中轴线作对称布置，两树的连线与轴线垂直并被轴线等分。规则式种植，一般采用树冠整齐的树种。

行列栽植 是指乔灌木按一定的株行距成排种植，或在行内株距有变化。行列栽植形成的景观比较整齐、单纯、气势大。行列栽植是规则式中应用最多的基本栽植形式，具有施工、管理方便的优点，多用于建筑、道路、地下管线较多的地段；行列栽植与道路配合，可起夹景效果。行列栽植宜选用树冠体形比较整齐的树种，如圆形、卵圆形、倒卵形、塔形、圆柱形等，而不选枝叶稀疏、树冠不整齐的树种。一般乔木高3～8m，灌木高1～5m。

丛植 通常是由两株到十几株乔木或乔灌木组合种植而成的种植类型。配置树丛的地面，可以是自然植被或是草地、草花地，也可以配置山石或台地。它以反映树木群体美的综合形象为主，但这种群体美的形象又是通过个体之间的组合来体现的，彼此之间有联系有变化，互相对比、互相衬托。作为组成树丛的单株与孤植树相似，必须挑选在蔽荫、树姿、色彩、芳香等方面有特色的树木。 树丛可以分为单纯树丛及混交树丛两类。蔽荫的树丛最好采用单纯树丛形式，一般不用灌木或少用灌木配植，通常以树冠开展的高大乔木为宜。而作为构图艺术上主景、诱导、配景用的树丛，则多采用乔灌木混交树丛。

群植　组成群植的单株树木数量一般在20株以上。树群所表现的，主要为群体美，树群也像孤植和丛植一样，是构图上的主景之一。因此树群应该布置在有足够距离的开阔场地上，如靠近林缘的大草坪、宽广的林中空地、水中的小岛屿、水面宽广的水滨、小山坡、土丘等。树群主要立面的前方，至少在树群高度的4倍、树群宽度的1.5倍距离处，留出空地，以便游人欣赏。

群植规模不宜太大，在构图上要四面空旷，树群组成内和每株树木，在群体的外貌上都要起一定作用。树群的组合方式，最好采用郁闭式，分层结合。

树群可以分为单纯树群和混交树群两类。单纯树群由一种树木组成，可以应用宿根花卉作为地被植物。树群的主要形式是混交树种。混交树种群分为5个部分，即乔木层、亚乔木层、大灌木层、小灌木层及多年生草本植被。其中每一层都要显露出来，其显露的部分应该是该植物观赏特征突出的部分。树群组合的基本原则是，高度采光的乔木层应该分布在中央，亚乔木在四周，大灌木、小灌木在外缘。

树群内植物的栽植距离要有疏密变化，要构成不等边三角形，切忌成行、成带地栽植，常绿、落叶、观叶、观花的树木应用复层混交及小块混交与点状混交相结合的方式。树群的外貌要高低起伏有变化，要注意四季的季相变化和美观（图5.14）。

5.3.3　花卉种植设计

花卉种植的设计一般主要有花坛和花境两种形式。

(1) 花坛（图5.15）

在一定范围的畦地上按照整形式或半整形式的图案栽植观赏植物以表现花卉群体美的园林设施。花坛有几种分类方法：

按其形态　可分为立体花坛和平面花坛两类。平面花坛又可按构图形式分为规则式、自然式和混合式3种。

按观赏季节　可分为春花坛、夏花坛、秋花坛和冬花坛。

按栽植材料　可分为一二年生草花坛、球根花坛、水生花坛、专类花坛（如菊花花坛、翠菊花

图5.14　植物的季相变化

图5.15　花坛

图5.16 花境

坛）等。

按表现形式 可分为花丛花坛,是用中央高、边缘低的花丛组成色块图案，以表现花卉的色彩美；绣花式花坛或模纹花坛，以花纹图案取胜，通常是以矮小的具有色彩的观叶植物为主要材料，不受花期的限制，并适当搭配些花朵小而密集的矮生草花，观赏期特别长。

按花坛的运用方式 可分为单体花坛、连续花坛和组群花坛。现代又出现移动花坛，由许多盆花组成，适用于铺装地面和装饰室内。

花坛设计首先必须从周围的整体环境来考虑所要表现的园景主题、位置、形式、色彩组合等因素。具体设计时可用方格纸，按1：20至1：100的比例，将图案、配置的花卉种类或品种、株数、高度、栽植距离等详细绘出，并附实施说明书。设计者必须对园林艺术理论以及植物材料的生长开花习性、生态习性、观赏特性等有充分的了解。

花坛用草花宜选择株形整齐、具有多花性、开花齐整且花期长、花色鲜明、耐干燥、抗病虫害和矮生性的品种。常用的有金鱼草、雏菊、金盏菊、翠菊、鸡冠花、石竹、矮牵牛、一串红、万寿菊、三色堇、百日草等。

花坛主要用在规则式园林的建筑物前、入口、广场、道路旁或自然式园林的草坪上。中国传统的观赏花卉形式是花台，多从地面抬高数十厘米，以砖或石砌边框，中间填土种植花草。有时在花坛边上围以矮栏，如牡丹台、芍药栏等。

(2) 花境

花境是花卉应用的一种重要的形式，用比较自然的方式种植灌木及观花草本植物，呈长带状（图5.16）。一般参照自然风景中野生花卉在林缘地带的自然生长状态，经过艺术提炼而设计的自然式花带，其艳丽的色彩和丰满的群体形象给人留下深刻的印象。

花境按所种植物分为一年生花境、多年生花境和混合花境，而以混合花境为多。在设计上，花境宜以宿根花卉为主体，适当配置一些一二年生草花和球根花卉或者经过整形修剪的低矮灌木。

花境布置一般以树丛、绿篱、矮墙或建筑物等作为背景，根据组景的不同特点形成宽窄不一的曲线或直线花带。花境内的植物配置为自然式，主要欣赏其本身特有的自然美以及植物组合的群体美。

花境设计首先是确定平面，要讲究构图完整，高低错落，一年四季季相变化丰富。配置在一起的各种花卉不仅彼此间色彩、姿态、体量、数量等应协调，而且相邻花卉的生长强弱、繁衍速度也应大体相近，植株之间能共生而不能互相排斥。几乎所有的露地花卉都能作为花境的材料，但以多年生的宿根、球根花卉为宜。因为这些花卉能多年生长，不需要经常更换，养护起来比较省工，还能使花卉的特色发挥得更充分。

花境分单面（2～4m宽）和双面（4～6m宽）观赏两种，单面观赏花境植物配置由低到高，形成一个面向道路的斜面。双面观赏花境，中间植物最高，两边逐渐降低，其立面应该有高低起伏错落的轮廓变化，平面轮廓与带状花坛相似，植床两边是平行的直线或有轨迹可寻的平行曲线，并且最少在一边用常绿木本或矮生植物（如麦冬、葱兰、绣墩草、瓜子黄杨等）镶边。

花境植床一般应稍高出地面，内以种植多年生宿根花卉和开花灌木为主，在有路牙的情况下处理与花坛相同。没有路牙的，植床外缘与草地或路面相平，中间或内侧应稍稍高起，形成5°～10°的坡度，以利于排水。

花境管理方便，应用广泛，独具特色。在国外，花境应用非常普遍。最近，一些大城市公共绿地、庭园中，花境的应用已日渐增多。

5.3.4 草坪与地被植物种植设计

(1) 草坪的含义和作用

草坪是用人工铺植草皮或播种草子培养成的整片绿色地面。主要应用于下述几个方面：

环境保护方面 在园林绿地中草坪和树木都起着净化空气、防暑降温、吸附尘土、减弱噪声的作用，能保护环境，维持生态平衡。草坪草个体小，数量多，占据空间小，生长迅速，适应性强，容易成活，绿化效果快。草紧贴地面生长，其防止尘土飞扬和水土流失功能显著。草坪在绿地中形成通风道，可以改善热带地区生活环境。

景观艺术方面 草坪空间同水域空间、广场空间等相似，能开辟宽广的视线，引导视线，增加景深和层次，并能充分表现地形美。

城市建设方面 草坪常用于现代化城市需要低矮的绿地的地方，如道路沿线，强电力网线下方，地下设施上面土层较薄的地方等。

(2) 草坪的种植设计与草种选择

多为低矮匍匐茎或丛生型禾本科植物，生长速度快，覆盖能力强。

草坪地上部生长很低，并常有坚韧叶鞘的多重保护，因此，耐修剪（啃食）并且耐践踏。

它适合于各类环境生长，特别是在温度变化剧烈，土壤瘠薄、干旱或土壤酸碱度非理想状态下分布较广。

草坪草种的选择必须能够耐踏踩，且因草坪占地面积一般都较大，不可能经常进行大规模的人工灌溉，因而选择的草种要有较好的抗旱性能。用于城市和园林草坪的草本植物主要有结缕草、野牛草、狗牙根、地毯草、钝叶草、假俭草、黑麦草、早熟禾、翦股颖等。

(3) 草坪的坡度与排水

为了避免水土流失，坡岸的塌方或崩落现象的发生，任何类型的草地，其地面坡度，均不能超过该土壤的自然安息角（一般为30° 左右）。超过这种坡度的地形，一般应采用工程措施加以护坡。

草地最小允许坡度，应该从地面的排水要求来考虑。除了体育场草地排水所必须保有最低坡度外，越平越好。一般观赏草地、牧草地、林中草地及护岸坡草地等，只要在土壤的自然安息角以下和必须的排水坡度以上，在活动上没有别的特殊要求。规则式游憩草地，除必须保持最小排水坡度以外，一般情况，其坡度不宜超过5%。自然式的游憩草地，地形的坡度最大不要超过15%，一般游憩草坪，70%左右的面积，其坡度最好在5%～10%以内起伏变化。当坡度大于15%时，由于坡度太陡，进行游憩活动不安全，同时也不便于轧草机进行轧草工作。

(4) 草坪造型的要求

考虑以上功能的前提下，对草坪地形美的因素也应结合统一考虑，使草坪地形与周围景物统一起来。地形要有单纯壮阔的气魄，同时又要有对比与曲线起伏的节奏变化（图5.17）。

(5) 草坪的维护

第一年要不断清除杂草。要及时修剪，草长到4～10cm高时进行修剪，每次修剪量不宜超过草高的一半。草坪一般保持2～5cm高。生长季节宜施氮、磷、钾颗粒状混合肥料，一般在修剪后、喷灌前施用。草坪不宜使用过度，应规定使用期、保养期，定期分区轮流开放使用。注意草坪病虫害防治，及时补种，更换坏死的部分。

(6) 地被的含义和作用

地被植物是指一些生长低矮、扩展性强、控制高度在30～50cm或稍高的植物，特别强调地面的使用价值或者具有观赏价值的植物。它们比草坪更为灵活，在不良土壤、树荫浓密、树根暴露的地方，可以代替草坪生长。且种类繁多，可以广泛地选择，有蔓生的、丛生的、常绿的、落叶的、多年生宿根的及一些低矮的灌木。它们不仅增加植

图5.17 草坪造型的要求

图5.18 地被植物的种植形式

物层次，丰富园林景色，给人们提供优美舒适的环境，由于叶面系数增加，还具有减少尘土与细菌的传播，净化空气，降低气温，改善空气湿度，减少地面辐射等保健作用，并能防止土壤冲刷、保持水土，减少或抑制杂草生长。它还可以解决工程、建筑的遗留问题，使庭院景观更加亮丽。

(7) 地被植物的应用原则

不同类型的景观，因其性质和功能不同，对地被的要求也不同。地被植物的应用也要按照景观艺术的规律，处理好地被植物与景观布局的关系，利用地被植物不同的花色、花期、叶形等搭配成高低错落、色彩丰富的花境，与周围环境和其他植物协调地衔接起来，以体现不同的风格与特色。在配置时还应注意将景观、生态综合考虑，建设生态景观。

(8) 地被植物的种植形式（图5.18）

大面积的景观地被 主要用在主干道和主要景区，采用一些花朵艳丽、色彩多样的植物，选择阳光充足的区域精心规划，采用大手笔、大色块的手法大面积栽植形成群落，着力突出这类低矮植物的群体美，并烘托其他景观，形成美丽的景观。如美人蕉、杜鹃花、红花酢浆草、葱兰以及时令草花。

耐荫地被 高大乔木生长繁茂，郁闭度较高，其他植物不易生长，主要选择一些能适应不同荫蔽环境的地被植物，在乔木和灌木下也能较好的生长，覆盖树下的裸露土壤，减少沃土流失，并能增加植物层次，提高单位叶面积的生态效益。如沿阶草、大小麦冬、棕榈实生苗、洒金桃叶珊瑚、狭叶十大功劳等。

悬挂和蔓生地被 主要指大量栽植一些藤蔓繁殖、生长旺盛的悬挂和蔓生植物，作为建筑物墙面、挡土墙、石头以及裸露山体的覆盖物，不仅美化了环境，而且具有很大的生态功能，主要种类为迎春、常春藤、爬山虎、凌霄、络石等，它们均以生长快、管理粗放而被广泛运用。

自繁能力强的地被 主要是指一些萌发力强或分蘖能力强的地被植物，其适应性和抗逆性均强，一次栽植，多年观赏，且扩张力强。如金鸡菊、硫华菊、金丝桃、箬竹等。

5.3.5 植物图例与符号表达

图例是以物体的平面投影及垂直投影所绘出度加以美化图案化的结果。通常分为平面和立面两种符号表达方式（图5.19）。

5.4 景观小品与构筑物

5.4.1 铺装设计

在规划设计中，通过铺装的地坪高差、材质、颜色、肌理、图案的变化创造出富有魅力的路面和场地景观。目前铺装材料有很多种。例如，广场砖、石材、混凝土砌块、装饰混凝土、卵石、木材等。

(1) 地面铺装的分类

按强度将地面的硬质铺装可分为以下几类：

图5.19 植物图例表达

高级铺装 适用于交通量大且多重型车辆通行的道路（大型车辆的每日单向交通量达250辆以上）。高级铺装常用于公路路面的铺装。

简易铺装 适用于交通量小、几乎无大型车辆通过的道路。此类路面通常用于市内道路铺装。

轻型铺装 用于铺装机动车交通量小的园路、人行道、广场等的地面。设计预概算标准，可依据一般道路断面结构设计。此类铺装中除沥青路面外，还有嵌锁形砌块路面、花砖铺面路面。

(2) 地面铺装的设计要点

地面铺装暗示流线方向感，引导人们到达目的地，在这一过程中一样要注意流线的比例和韵律。

另外一个影响铺装效果的因素是铺装的质感，质感可以影响空间的比例效果，铺地质感的变化可以增加铺地的层次感。设计者要充分了解这些材料的特点，利用它们形成空间的特色：大面的石材让人感觉到庄严肃穆，砖铺地使人感到温馨亲切，石板路给人一种清新自然的感觉，水泥则纯净冷漠，卵石铺地富于情趣。当景观设计中要采用两种以上的铺地材料相衔接时要注意，尽量不要锐角相交，两种大面积的铺地相交时宜采用第三种材料进行过渡和衔接。

(3) 常用的铺装材料和做法（图5.20）

沥青路面 成本低，施工较为简单，但坚固性不够，须经常维护，常用于车道、人行道、停车场的路面铺装。有沥青混凝土、透水性沥青、彩色沥青等多个品种，一般做法是底层用砂土和碎石铺满，在碎石上浇灌沥青或沥青混凝土。

混凝土铺装 此类路面造价低、施工性好，常用于铺装园路、自行车停放场。其表面处理除铁抹子抹平、木抹子抹平、刷子拉毛外，还有简单清理表面灰渣的水洗石饰面和铺石着色饰面办法等。缺点是缺乏质感、较为单调，并且要设置变形缝。一般的混凝土道路，其纵缝间距为3～4.5m，横缩缝间距5m，横胀缝间距20m左右。一般底层铺碎石，再浇灌混凝土，表面用铁抹子找平,变形缝可用发泡树脂接缝材料。

卵石嵌砌路面 这类路面可用在使用频率不是很高的人行道，做法是在混凝土层上铺20mm厚的砂浆，然后平整嵌砌卵石，最后用刷子将水泥浆整平，如果乱石颗粒较小也可待混凝土凝固24～48h左右，用刷子将其表面刷光，再用水冲刷，直至卵石均匀露出。

预制砌块路面 这种铺装防滑、步行舒适、施工简单、修整容易和价格低廉，常被用作人行道、广场、车道等多种场所的路面，而且由于其色彩花样丰富可以有助于形成特殊的风格。路基层的结构如下：基底层为未筛碎石或级配碎石，其上铺设透水层，再铺筑粗砂，最后铺装嵌锁形预制砌块。嵌锁形预制砌块路面用于坡道铺装，接缝可能会漏砂，可改用干拌砂浆勾缝防漏砂。在难收口的边缘转角处，可在混凝土中掺入与嵌锁形预制砌块相同的颜料勾缝，避免接缝醒目。

石材铺装 指的是在混凝土垫层上再铺砌15～40mm左右厚的天然石料形成的路面，利用天然石的不同的品质、颜色、石料饰面及铺砌方法组合出多种形式。因其能够营造一种有质感、沉稳的氛围，常用于建筑物入口、广场、大型游廊式购物中心的路面铺装。室外石料铺装路面常用的天然石料首推花岗岩，其次有玄武石等板岩（石板）、石英岩等。石材铺砌路面的铺砌方法有多种，如方形铺砌、不规则铺砌等，这种材料一般造价较高，但坚固耐用。

砖砌铺装 砖和石材不同，它是人造的，由黏土或陶土制成，经过烧制而成，常用于人行道、广场，比较有人情味，并且可以通过砌筑方法形成各种不同的纹理效果。地面勾缝采用砂土或砂浆填缝，而铺砌的接缝也有多种，如垂通缝、骑马缝（也叫砌缝）、方格式地缝、席缝等。

5.4.2 台阶与坡道

台阶和坡道是解决地面高差的基本方法。台阶是目前的室外环境设计中使用最多的解决高差问题的方法，其主要是为普通人步行所设计的，不能满足车辆或者通行不便的人的要求。相对坡道而言，要达到相同的高度时，台阶所需的水平长度较短。诺尔曼提到关于台阶踏面和升面关系的通用规则：升面尺寸乘以2，加上踏面等于26in*（$2R+T=26$），在这一尺寸范围内，一般人在上下踏步时总觉得方便自在。在实际设计中，踏步的升面和踏面是可以灵活掌握的，比如地面高差相对陡峭时，可以适当增加升面，减少踏面宽度，但是这种较为陡的踏步，不宜用在交通量较大的场所，也不适宜过长。在适合的地方要设置休息平台，在设计时可以通过休息平台的设计来调整行人行进的节奏和韵律。相反，在一些休闲的漫步道和缓坡上，踏面可以适当增大，升面适

注：1in=2.54cm，26in=66.04cm

图5.20 常用的铺装材料和做法

当减小。在设计一些供人驻足观赏景物的地方时，也可以将踏步的尺寸放大，以至人可以舒服地坐在踏步上，其高度增加到30cm，介于座椅高度和踏步升面高度之间。但是，这种非常规尺度的踏步不适合用在人流量较大的公共区域，更不应该设计在有安全疏散功能的地方，以免造成危险。另外需要注意的是，如果高差较小，所需的踏步数较少、踏步升面较低时，应注意通过材质的变化、防滑条设置，或者利用升面的基部凹陷形成阴影来强调高差的存在，以防行人的无意跌落，并且一组踏步不应少于3个踏步，否则行人不易发觉。室外踏步设计时还需注意相关的照明配套设计；当高差大于50cm也需设计护墙或者扶手。台阶的设计原则（图5.21）。

- 台阶设计要能与所在地的环境及道路相调和，所采用的材料与式样应依环境及道路来确定。
- 台阶表面平稳，其构造应坚固具安全感。台阶面宜向前微倾以利排水。
- 台阶两旁可配置短墙、栏杆、花钵、树丛、假山等。

坡道是供行人在地面高差不同的平面上行走的第二种主要方式。坡道对行人行走的限制要少些，行人可以自由自在地在坡道上行走，不必受踏步的限制，而且坡道适合车辆和残疾人用轮椅行走，这一点非常重要。现代景观设计非常重视无障碍设计，也就是为了方便残疾人而做的通道设计，包括盲道设计以及坡道设计。但是，如果坡道的坡度设计不合理也会使行人感到疲惫。另外，如果坡度的材质选择不理想也会令人在雪天或者雨天感到非常不便，所以在设计坡道时一定要注意增加纹路质感。一般来讲，步行坡道的坡度为1：12较为适宜，并且当坡道长度超过10m时最好增加休息平台（图5.22）。

5.4.3　公共设施

公共设施泛指廊架、座椅、路灯、时钟、垃圾筒、指示牌、公告栏、单元牌、电话亭、雕塑等。一方面它为人们提供识别、倚靠、洁净等物质功能；另一方面它具有点缀、烘托、活跃环境气氛的精神功能（图5.23）。

(1) 座椅

座椅的种类很多，有单人座凳、2～3人用普通长椅(带靠背)、多人用座凳、凭靠式座椅。从设置方式上划分，除普通平置式、嵌砌式外，还有固定在花坛绿地挡土墙上的座椅、兼作绿地挡土墙的座椅，以及设置在树木周围兼作树木保护设施的围树椅等形式。

座椅的制作材料丰富多彩，除木材、石材、混凝土、各类仿石材料、铸铁、钢材、铁材、铁管、陶瓷、FRP等外，还有木材与混凝土、木材与铸铁等组合材料。

图5.21　台阶

图5.22　坡道

图5.23　公共设施

(2) 桌

桌可用石、木、玻璃、水泥等材料制作，视摆设位置及用途而定，有时可在桌面上，雕刻棋盘，桌子有时可简单到用铁丝制成放茶杯的架子即可，但要特别注意桌椅的间距，桌子高度以稍低为佳。桌子脚下容易成为凹地，故要铺装铺面材料或设坡地等。

(3) 垃圾箱

垃圾箱的种类，从固定方法上进行分类一般分为独立可移动式和固定式。以垃圾箱的相互关系来看，有连体式和普通分立式。此外，垃圾箱还常被塑成某种艺术造型装点街道。

垃圾箱的制作材料种类齐全，有铁材、钢材、木材、石材、混凝土、GRC、FRP、陶瓷等。各种成品，无论是在造型上，还是在材质、色彩、规格上，都是丰富多彩。

(4) 标志

标志的设置是以简明提供信息、街道方位、名称等内容为主要目的。其次是根据地区和用地的总体建设规划，决定其形式、色彩、风格、配置，制作出美观、功能兼备的标志，形成优美环境。

标志有两大类，即诸如导向板、路标、标志牌等传递信息的标志，桥、建筑、雕塑、树木等构成城市标志性景观的标志。这些标志传递信息的方式有多种，诸如利用文字、图形（符号）、色彩的视觉传递方式、利用音响的听觉传递方式、利用立体文字的触觉传递方式以及用香气等气味的嗅觉传递方式。

标志的规划设计要点：

- 关于城市标志规划设计，利用不同的建筑造型、色彩、行道树、地面铺装材料，并通过设置纪念性建筑、标志性树木、大门等，使建筑等本身具备一定标志功能。
- 标志的色彩、造型设计应充分考虑其所在地区、建筑和环境景观的需要。同时，选择符合其功能并醒目的尺寸、形式、色彩。而色彩的选择，只要确定了主题色调和图形，将背景颜色统一，通过主题色和背景颜色的变化搭配，突出其功能即可。
- 传递信息要简明扼要。
- 配置与设置标志时，所选位置既要醒目，又要无碍于车辆、行人往来通行。
- 结构应坚固耐用。
- 标志所配备的照明有两大类：照明灯具安装在标志内的内藏式和外部集中照明方式。外部集中照明方式较适用于有绿化树木的地方。

(5) 围栏与围墙

围栏（墙）的围合与隔离作用，体现在3个方面：一是防御与安全的作用；二是不同空间区域之间的界定作用；三是环境的美化作用。

围栏的类型与特点：

A. 不同高度的围栏

① 高围栏。按人体功能尺寸，1.8m以上为较难逾越的高度，按此高度制作的围栏称为高围栏，它一般用于强调安全与隔离功能的场所。

② 低围栏。按人体功能尺寸，障碍物在1.4m高度以下时，人的视觉较为开敞舒适，按此高度制作的围栏称为低围栏，它一般用于强调界定与装饰功能的场所。

B. 不同形状的围栏

① 带基座的围栏。大多用碎石混凝土砌成基座后外贴面砖或片石等，然后在上部安装通透的栏杆。这种围栏稳定性好，不易破坏，经久耐用，还可结合花坛、花槽制作，配以绿化，它是目前较为普及的形式。

② 不带基座的围栏。它直接安装于地面，一般用于通透性较强的场合。

③ 墙头安全栏。在围墙上加装尖状的金属短栏，可以更有效地防止外人翻入围墙，以强化安全功能。

C. 不同通透感的围栏

全封闭式，一般用于高围栏，强调防御功能。

半通透式，一般有以下几种形式：

通透式，这种围栏以图案制成镂空纹样，形成通透效果，装饰性强。

D. 不同材料制作的围栏

与大门的制作材料相仿，围栏的制作材料也是分为钢铁、铝合金、不锈钢、竹、木材（包括仿竹、木合成材料）等等。

(6) 围墙的类型与特点

围墙有很多种，诸如混凝土围墙，预制混凝土砌块围墙、万代墙、砖墙、花砖铺面墙、石面墙、石砌墙等。

A. 混凝土墙

表面可做多种处理，如：一次抹面、灰浆抹子抹光、打毛刺、细剁斧面、压痕处理、压痕打毛刺处理、上漆处理、喷涂贴砖处理、刷毛削刮处理等等，还可利用调整接缝间隔、改变接缝形式和削角形式，使混凝土围墙展现出不同的风格。

B. 预制混凝土砌块墙

此类围墙所使用的材料除混凝土外，还有各种经过处理加工的混凝土砌块。

混凝土砌块有平面、纹面、槽面、劈裂面和磨光面等各种面层，各种规格和多种颜色，利用其面层质感、颜色和块型的变化可实现各种建筑风格，充分体现人的想象力和创造力。

C. 砖砌围墙

砖墙的砌法有多种，如英式砌法、法式砌法、荷兰式砌法等。当墙体设计高度较高时，通常是把混凝土墙当作基础墙。砌筑砖材，其砌筑方法除上述几种外，基本上与花砖墙的砌法相同。

D. 花砖墙

是一种以混凝土作基础，砌以花砖的围墙。由于花砖本身的品种、颜色、规格，以及砌法多样化，所筑成的花砖墙也是形式复杂。

E. 石面墙

以混凝土墙作基础，表面铺以石料的围墙，表面多饰以花岗岩等作不规则砌筑。此外，还有以石料窄面砌筑的竖砌围墙，以不同色彩、不同表面处理的石料，构筑出形式、风格各异的围墙。

F. 干垒砌块围墙

干垒砌块是一种无砂浆砌筑的新型砌块，砌体靠砌块自身联锁固定，施工方便、经济、快捷。

(7) 亭、廊

亭（图5.24） 为景观中最基本的建筑单元，主要是为满足人们在旅游活动中的休憩、停歇、纳凉、避雨、极目眺望之需。从造型艺术角度分：有三角攒尖顶亭；正方形、六角形、八角形的单檐或重檐攒尖顶亭；重檐攒尖顶亭，有两重或三重；有正脊的亭，可做成两坡顶、歇山顶、卷棚顶等形式；组合式亭，一种是两个或两个以上相同形体的组合，另一种是主体与若干个附体的组合；半亭等。结构类形有竹亭、木亭、钢筋混凝土亭、石竹亭、钢筋混凝土及木混合亭等。现在更多的是用钢筋混凝土或兼以轻钢、铝合金、玻璃钢、镜面玻璃、充气塑料等新材料组建而成。

亭子一般小而集中、向上，造型独立而完整，往往在园景是一个“亮点”，是园林小品的重要组成部分。

亭在造型上，要结合具体地形、自然景观和传统设计，并以其特有的娇美轻巧、玲珑剔透形象与周围的建筑、绿化、水景等结合而构成园林一景。亭的体量较小，形制也较细巧，以竹、木、石、砖瓦等地方性传统材料均可修建。

廊（图5.25） 大致分成四种形式：双面空廊、单面空廊、复廊和双层廊。从廊的总体造型及

24

图5.24 亭

25

图5.25 廊

其与地形、环境结合的角度考虑，又可把廊分成直廊、曲廊、回廊、爬山廊、叠落廊、水廊、桥廊等。结构类型有竹廊、木廊、钢架廊、钢筋混凝土廊、钢筋混凝土及木混合廊等。

其作用是交通联系的通道；作为室内各处联系的“过渡空间”，增加建筑的空间层次；提供一个遮阴、避雨、休息、赏景的场所；廊还可用来划分空间、组织景区，又在廊墙之间形成局部小空间，打破墙面的闭塞、单调，使虚实相间，景色渗透，增加风景深度。

(8) 花架（图5.26）

花架为顶部由格子条构成、常配置攀缘蔓性植物的一种庭园设施。主要形式有单柱双边悬挑花架、单柱单边悬挑花架、双柱花架等。结构类型有木花架、钢筋混凝土现浇花架、仿木预制成品花架、竹花架、仿竹花架、钢花架等。其作用：①供人歇足休息，观赏风景，在园林布局中如长廊一般，划分、组织空间；②创造了爬蔓植物生长的条件。

(9) 桥（图5.27）

桥除具有实用性的动线连贯作用外，还兼具景观欣赏的意义，有些桥专为点缀观赏用而设置的。就景观而言，在设计上做出许多变化，如九曲桥、拱桥都是很出名的园桥典型。至于桥面的不连贯，就更引以为奇，即我们在逢水的河溪流处，作间断的垫脚石或踏板(渡石)，踏板当然是露出水面的，人在其上悠然放心地渡过，这就是我们习称的渡石处理手法，也有人称为汀步、水上飞石等。

桥按结构分有梁式与拱式，单跨与多跨，其中拱桥又有单曲和双曲拱桥等；按建筑形式分：有

图5.26 花架

图5.27 桥

点式桥（汀步）、平桥、拱桥、曲桥、亭桥、廊桥等。结构类型有木桥、竹桥、钢筋混凝土桥、石桥、钢木桥、钢桥等。

5.4.4 公共艺术品

(1) 雕塑（图5.28）

纪念性雕塑　这类雕塑通常是把与本城市有密切关系的重大历史事件和重要历史人物作为创作对象。建立纪念性雕塑一定要与该地域的历史紧密相连，要有历史感。与周边环境的氛围合拍，切忌贪大求多，应根据环境因素精心设计尺寸、材质，艺术地再现所要树立的形象，做到相得益彰，恰到好处。当然，这类雕塑并不是一种写实模式，它以不违反生活本质为前提，艺术地再现历史人物和历史事件。

主题性雕塑　可分为两种类型。一种是根据与本城市有关的传说、神话、典故、文学作品、民间故事，经过概括提炼有某种意识指向性的，能激发人们的自豪感、荣誉感，给人以积极向上的启示，符合时代精神和现代意识的某种主题而创作的。还有一类是为反映一个时代、一种意念和某个场所的主题而创作一种象征性、寓意性造型，这类雕塑特别强调形式感，艺术家有充分发挥想象自由奔驰的余地，造型可以是写实的，也可以是大写意的、变形的。主题性雕塑以抽象的造型给人们以一目了然的感受指向，是理念的物化，它表面上可能只是一些几何形体的组合，但能使人获得刹时的立意感觉，并诱发出更广阔更深远的联想，这种造型能丰富该件雕塑“讲述”的中心思想，给人以心领神会的审美享受。

纯环境视觉雕塑　此种雕塑不必具有思想意识或任何功能主题，它的存在价值完全是为了环境视觉的需要。有的给人一种在特定环境里所缺少的体量感和平淡环境中所亟需的一种形体感，在感受一个体块或面的变化转折中，在线的曲直变化或一种外轮廓与环境的组合中获取美感。这种类型的抽象造型，不能归纳为抽象“雕塑”，表面看来可能是很简单的一个几何形体，但做它并不是易事，要慎之又慎。它要求作者对环境有独特的感受，能满足环境视觉的需要。

装饰性雕塑　作为主体雕塑的补充，装饰性雕塑给人以美感，有的甚至具有实用性。它的特点是贴近生活，符合人们的审美心理和审美情趣。它大多并不直接影响整个景观的第一视觉感觉，但它的确关系到整个景观的品位，是整个环境中有机的组成部分。

浮雕　浮雕分为主题演绎和纯装饰两种类型。单独的主题性创作浮雕，可采用专门的浮雕墙形式，也可雕在石块、石壁或广场周边的建筑物墙面上。

景观雕塑需要根据场所环境要求来创作，活动既要主体特征突出，又需融合于特定的环境。雕塑的设计制作应该遵循如下的程序：一是根据景观性质确定雕塑的性质内容；二是根据场地的平面布局确定雕塑的位置朝向；三是根据场地的背景确定雕

图5.28　雕塑（1）

纪念性雕塑《祖国，母亲》

环境视觉雕塑

环境视觉雕塑

瑞士洛桑奥运会主题雕塑

公园雕塑

主题性雕塑——德国柏林《二战纪念碑》

塑的材料、色泽和质感；四是根据景观的艺术风格确定雕塑的处理手法。

(2) 装饰性小品（图5.29）

各种固定的和可移动的花钵、饰瓶，可以经常更换花卉。装饰性的日晷、香炉、水缸，各种景墙（如九龙壁）、景窗等，在园林中起点缀作用。

(3) 结合照明的小品（图5.30）

园灯的基座、灯柱、灯头、灯具都有很强的装饰作用。

(4) 展示性小品（图5.31）

各种布告板、导游图板、指路标牌以及动物园、植物园和文物古建筑的说明牌、阅报栏、图片画廊等，都对游人有宣传、教育的作用。

(5) 服务性小品（图5.31）

如为游人服务的饮水泉、洗手池、公用电话亭、时钟塔等；为保护园林设施的栏杆、格子垣、花坛绿地的边缘装饰等；为保持环境卫生的废物箱等。

图5.28 雕塑（2）

图5.29 装饰性小品

图5.30 小品结合照明

图5.31 展示性、服务性小品

29

30

31

6 城市广场景观设计

6.1 城市广场设计概述

6.1.1 广场的起源

人类发展的历程中，由于农业的进步及原始部落的聚族而居，产生了原始村落。如在陕西临潼姜寨发现的仰韶村落遗址（图6.1），居住区的住房

共分五组，呈环状布局，每个房屋组合都以一栋大房子为核心，其他较小的房屋环绕中间空地与大房子作环形布置，围合出一片公共活动的空间，原始时代的人们在这里举行氏族会议、节日庆祝、供奉祭祀、宗教仪式等活动。这个社会性的空间，可看作是最古老、最原始、最简单的广场。

由此可见，广场形成之初就是为了人群的公共活动而产生的，就其原始的建造形态来讲，城市广场是城市成员聚会的场所，也是城市社会活动的核心，是城市空间的最早组织形式。例如，古希腊建筑物都以神庙为中心，其他建筑围绕它形成广场。古罗马时代更是以广场作为其城市的象征（图6.2）。发展至今，广场这种空间形式已成为城市整体空间构成中不可分割的一部分。它在城市空间的构成中起到的是节点的作用，有组织城市空间、划分城市空间的作用，成为城市空间内在张力的发生器，由此产生的力“场”，使城市整体空间结构得到强化，并为其建立空间秩序提供保证。如中世纪西方的城市广场往往在城市空间的构成中处在支配地位；在空间的内涵上来说，城市广场也能反映一个城市的景观特色和文化风貌，成为一个城市的社会文化象征。

6.1.2 广场的定义和功能

城市广场最早主要起源于古代人们的庆典与祭祀活动，古代关于广场的定义是简单明了的，即广场是为人们进行供奉、祭祀、宗教仪式等活动的广阔而空旷的场地。早在公元前8世纪，古希腊就出现了由建筑柱廊的不规则围合所形成的自由广场（图6.3），被称为Agom，这是“集中”的意思，表示人群的集中，也表示人群集中的地方，后来这词也被用来表示广场。

随着人类社会进入高度文明的现代城市时期，城市广场又被赋予了较昔日更深刻、更丰富的内涵，它的定义包含场所、内容、构成、使用方式和意境等五个方面的基本限定。为此，我们尝试将其定义为：

图6.1　陕西临潼姜寨

图6.2　威尼斯圣马可广场

图6.3　古罗马广场

2

3

城市广场，是为满足多种城市社会生活需要而建设，以建筑、道路、山水、地形等围合，由多种软、硬质景观构成，采用步行交通手段，具有一定的主题思想和规模的节点（Nodes）型城市户外公共活动空间。其中，城市社会生活包括政治、文化、商业、休憩等多种活动；主题思想则指表现城市风格和文化内涵及城市景观环境等多重目的；节点型是指城市空间中的核心型空间形态（图6.4、图6.5）。

广场是由于城市功能上的要求而设置的，它的主要功能有以下几点：

① 广场是为市民提供社会公共活动场所的城市“客厅”。满足不同年龄、职业，不同活动功能需求的城市居民和外来者在此交往、休闲。同时使市民在“大客厅”中能更加意识到社会的存在，意识到自己在社会中的存在。

② 广场可以改善城市生态环境。充分利用阳光、土地、水质、空气等自然因素，保持生态合理性，并结合地方特定的生态条件和景观特点，合理规划绿地及花草树木，以突出城市个性和特色，丰富城市文化内涵。

③ 广场是城市交通的枢纽。广场往往是城市路网的节点，是城市道路的间隔或转折，对人流、车流起着缓冲、交汇、组织的作用。

④ 广场是建筑间联系的纽带，形成连续的空间环境。广场是建筑师寻求建筑之间相互配合的有效途径，环境优美的广场可以使人们陶醉于建筑所围合的空间之中。本质上，城市广场即是一种被限定的室外空间。

因此从其功能上定义的话，它通常是城市居民社会活动的中心，可供交通集散，组织居民游览休憩，组织商业贸易、集会、交流等。

6.1.3 城市广场的分类

城市广场的分类，一般可从广场的性质、广场平面组合和广场剖面形态3个方面来进行分类。

(1) 按广场性质分类

城市广场的性质取决于它在城市中的环境与位置、相关主体建筑与主体标志物及其功能等的性质，可分为以下几类：

市政广场　多修建在市政府或城市行政中心所在地，是市政府与市民定期对话和组织集会活动的场所，是市民管理城市和参与市政的一种象征（图6.6、图6.7）。这类广场具有良好的可达性及流通性，通向市政广场的主要干道应有一定的宽度和道路

图6.4　意大利福里格罗塔新广场

图6.5　日本别府市政厅广场

图6.6　北京天安门广场

图6.7　梵蒂冈圣彼得广场

级别，以满足大量密集人流的流通。广场上的主体建筑物作为室内集会的空间，在室外广场一般呈对称布局，标志性建筑则位于轴线上，加强稳重庄严的整体效果，不宜布置过多的娱乐性建筑及设施。

纪念广场　为了缅怀历史人物和历史事件，常在城市中修建主要用于纪念某些人物或某一事件的广场。广场中心或侧面以纪念雕塑、纪念碑、纪念物或纪念性建筑作为标志物，主体标志物应位于整体构图的中心。纪念广场的选址非常重要，应尽量远离繁华的商业区或其他干扰源，用相应的象征、标志、碑记、纪念馆等建筑物施教育人、感染人，以便更突出所纪念的对象，产生更大的社会效益。

因此，主题纪念物应根据纪念主题和整个场地的大小来确定其大小尺度、表现形式、设计手法、材料、质感等等。形象鲜明、刻画生动的纪念主体将大大加强整个广场的纪念效果。例如华裔建筑师林璎设计的越战纪念广场（图6.8），它取得了生者与死者同在的艺术效果，给人难以磨灭的深刻印象。

交通广场　是城市交通系统的有机组成部分，是交通的连接枢纽，起交通、集散、联系、过渡及停车作用，并能合理地组织交通。交通广场有两类，一类是城市多种交通会合转换处的广场，如火车站站前广场（图6.9），另一类是在城市多条干道交会处所形成的交通广场。

图6.8　华盛顿越战纪念广场

图6.9　南京火车站站前广场

交通广场的首要功能是合理组织交通，包括车流、物流、人流等，以保证广场上的车辆和行人互不干扰，满足通畅无阻、联系方便的要求。这类广场要有足够的停车面积、行车面积和行人活动面积，其大小则根据广场上车辆及行人的数量决定。在广场附近设置公共交通停车站、汽车停车场时，其具体位置应与建筑物的出入口协调，以免人、车混杂，或车流交叉过多，使交通阻塞。交通广场作为进出一个城市的门户，位置重要，因此，整个广场的空间形体应与周围建筑相呼应、配合，要求富有表现力，能丰富城市的景观风貌，给过往旅客留下深刻、鲜明的印象。

另一类由城市干道交会形成的交通广场，称为环岛，一般以圆形为主。由于它往往位于城市的主要轴线上，所以其景观对形成整个城市的风貌影响甚大。因此，除了配以适当的绿化外，广场上还常常建有重要的标志性建筑或大型喷泉，形成道路的对景。

商业广场　是城市广场中最常见的一种。它是城市生活的重要中心之一，用于集市、贸易以及购物。商业广场以步行环境为主，内外建筑空间应相互渗透，商业活动区应相对集中。

商业广场大都位于城市的核心或区域核心，它的空间特征、布局形态、环境质量以及所反映的文化特征都是人们评价一座城市的重要参照物，是商业中心区的精华所在。

商业广场必须被放在整个商业区规划的整体设计中综合考虑，它一般位于整个商业区流线的主要节点上，如开端、发展、高潮、结尾。这些广场应根据各自所在位置，配置不同的空间环境组合，并在广场中设置绿化、座椅、雕塑、喷泉等城市小品和娱乐设施，使人们乐在其中，充分享受“城市客厅”的魅力。英国的考文垂城（Coventry）（图6.10）将中心广场布置在商业步行区的一端，利用广场把商业区与城市文化中心联结起来，赋予了广场更多的文化魅力。

休息及娱乐广场　是城市中供人们休憩、游玩、演出及举行各种娱乐活动的重要行为场所，广场中应布置座椅、台阶等供人们休息，设置花坛、水池、雕塑、喷泉以及其他城市小品供人们观赏。

这种广场的平面布局形式多样，人在其中可以“随心所欲”。它不像前几类广场，有一个中心，所有要素都为此中心服务。休息及娱乐广场可以是无中心的、片断式的，即每一个小空间围绕一个主题，为人们提供一个放松、休憩、游玩的公共场所。因此，整个广场无论面积大小，从空间的形态到小品、座椅都要符合人的环境行为规律及人体尺度，才能使人乐于其中。同时，广场的位置选择比较灵活，可位于城市的中心区，或者位于居住小区内，也可以位于一般的街道旁（图6.11）。

(2) 按广场平面组合分类

按平面组合，广场可分为单一形态广场和复合形态广场。

单一形态广场　一般由一个基本的几何形构成，有单一、规整的几何形和不规整的自由形态两种表现形式，具有各自不同的表现特性。

规整形广场　它的形状比较规整对称，有比较明显的纵横轴线，广场上的主要建筑物往往布置在主轴线的主要位置上（图6.12）。规整形广场又可分为正方形、长方形、梯形和圆形、椭圆形广场。

正方形广场在广场本身的平面布局上，没有明显的方向性，可根据城市道路的走向、主要建筑物的位置和朝向来表现出广场的朝向，如巴黎旺多姆广场。

长方形广场　在广场的平面上，有纵横的方向性差别，能强调出广场的主次方向，有利于分别布置主次建筑；在作为集会游行广场使用时，会场的布置及游行队伍的交通组织均易于处理（图6.13）。欧洲历史上以教堂为主要建筑的广场，因配合教堂的纵向高耸的体型，因此多布置成纵向，现在一般多布置成横向。

梯形广场　由于广场平面呈梯形，因此具有明显的方向，容易突出主题（图6.14）。广场只有一条纵向的主轴线，主要建筑布置在主轴线上。若在短底边上，容易体现主要建筑物的宏伟效果；若布置在长底边上，容易使主要建筑获得与人较近的效果；还可以利用梯形的透视感使人在视觉上对梯形广场产生矩形广场的感觉。

圆形和椭圆形广场　基本上和正方形、长方形广场近似，广场四周的建筑，面向广场的立面往往应按圆弧形设计，方能形成圆形或椭圆形的广场空间（图6.15）。又由于人视力范围关系，在广场的半径不大时，方能感到有圆形、椭圆形广场的形象感觉，当半径超过100m时，则圆形、椭圆形的差别逐步降低。

自由形广场　由于用地条件、历史条件、环境

图6.10　英国考文垂广场

图6.11　休闲广场

图6.12　规整型广场

图6.13　长方形广场

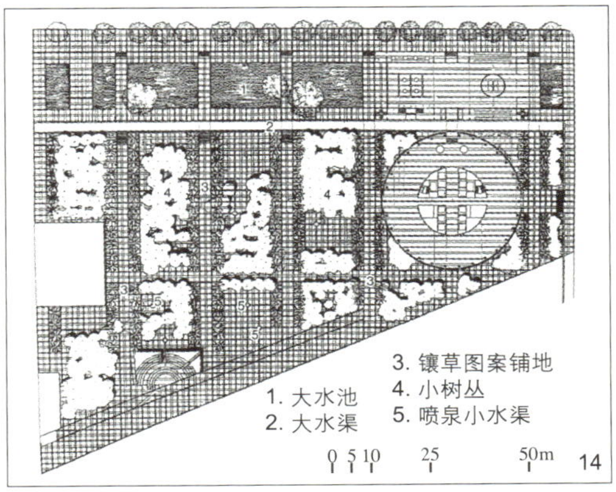

图6.14　美国北卡银行梯形广场

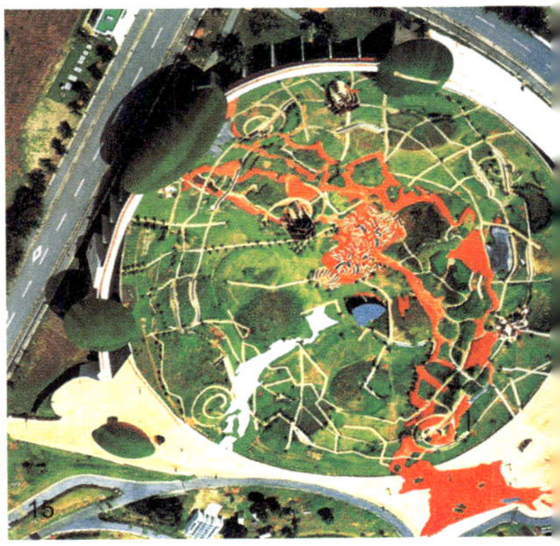

图6.15　圆形广场

条件、设计观念和建筑物的体型布置要求，因而出现了一些非规整几何形的自由形态广场，如历史上中世纪西欧许多城市由城市生活逐渐自发形成的广场。这类广场大多具有较好的围合性，周边建筑物的连续性构成了广场的边界，形状完全自然地按建筑边界确定，例如意大利锡耶纳广场。同样，中国历史上少有的一些城市广场也因自发性而呈现出不规则的自由形态。

该类广场普遍是在高度密集的城市空间中局部拓展的空间区域，往往具有适合的规模尺度、良好的视觉比例和浓厚的生活气息，构成了城市生活中画面性的景观，也是城市名副其实的“起居室”。

复合形态广场 相对于单一形态广场，另一类广场是以数个基本几何图形以有序或无序的结构组合成广场的整体景观，这种复合形态广场提供了比单一形态广场更多的功能合理性和景观多样性。

有序复合广场 运用一个或几个基本单元，按序列（轴线）原则排列，构成了兼具理性和动态两种空间感受的城市景观，并通过广场本身实现了对比、韵律、流动等一系列美学法则的体验，同时使广场空间能最大程度上与城市道路体系联成一个整体，达到城市形态的连续和流动。这类广场往往位于城市中心并具有相当高的重要性，规模和尺度相应较大，连续空间收放自如，形状多样变化，整体统一协调，例如罗马的圣彼得广场和法国南锡广场群。

无序复合广场 它的形成大多具有一定的历史延续过程或受自然条件制约而使然，而且一般都明确表现出这种客观条件的变化过程以及最终统一化的过程，形成整体艺术和视觉艺术统一的广场。同时，它也便于形成广场的多主题要求，自然中呈现出不经意的精致，活泼中揭示出城市生命的历史，例如意大利威尼斯的圣马可广场。

(3) 按广场剖面形式分类

广场剖面形式实际上界定了广场的空间形态，主要表现为平面型和立体型。

平面型广场 最为常见，传统广场和今天已建成的绝大多数城市广场都是平面型广场，如上海人民广场，广西北海市北部湾广场等。这类广场空间在垂直方向无变化或甚少变化，处于相近的水平层面，与城市道路交通平面连接，具有交通组织便捷、技术要求低、经济代价小的特点。

立体型广场 不同于平面型广场的立体化，它通过广场整体在空间的垂直向度上的差位与城市主平面网格之间形成高差而得到，因此能解决不同交通的分流。对于密集建筑的中心区，更可把自然生态景观重新引入到我们生活的水泥森林中，给城市中心增添了新的活力。由于处理不同交通方式的需要和科学技术的进步以及回归自然的城市新形态，立体型广场被赋予越来越多的关注。立体型广场按其与城市平面的关系，又分为上升式和下沉式两种。

上升式广场 一般利用城市道路网上方或低层建筑物顶部构筑，而发展的极限是在高层建筑中部、顶部形成挖空或连接的空中广场（图6.16）。

下沉式广场 是当代城市建设中应用较多的广场形态，它不仅既解决了交通的分流问题，也在

图6.16 温哥华罗勒森广场

喧嚣的城市环境中提供了一个安静、安全、围合有致且具有归属感的广场空间，具有点、线、面相结合，空间层次更丰富的特点。下沉式广场大多兼具步行交通功能，也有的与地下商业沟通，落差处往往结合水体景观，使空间充满动感（图6.17）。

图6.17 下沉式广场

6.2 城市广场空间设计

6.2.1 空间的尺度

城市广场尺度的处理是否得当，是城市广场空间设计成败的关键因素之一。古希腊城市广场十分注重比例尺度以及广场空间的亲切舒适，而我国的一些城市广场尺度巨大，使人产生排斥心理（表6.1）。

广场空间的尺度对人的情感、行为等都具有很强的影响。如实体的高度为H，观者与实体的距离为D，在D与H的比值不同的情况下将产生不同的视觉效应（图6.18）。

当$D:H=1$时，即垂直视角为45°时，一般可以看清实体的细部；

当$D:H=2$时，即垂直视角为30°时，观者可以看清实体的整体；

当$D:H=3$时，即垂直视角为18°时，观者可以看清实体的整体及背景；

当$D:H=4$时，即垂直视角为14°时，观者可以看清实体的整体及背景。

由此，当人站在广场中时，可以由于建筑高度与广场宽度之间的尺度关系而产生相应的空间效果和心理反应。

当$D:H\approx1$时，全封闭广场的最小宽度，观看建筑单体的极限角，人有一种既内聚、安定又不至

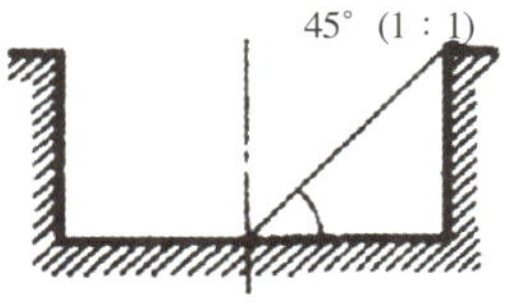

(a) 全封闭广场的最小宽度，观看建筑单体的极限角

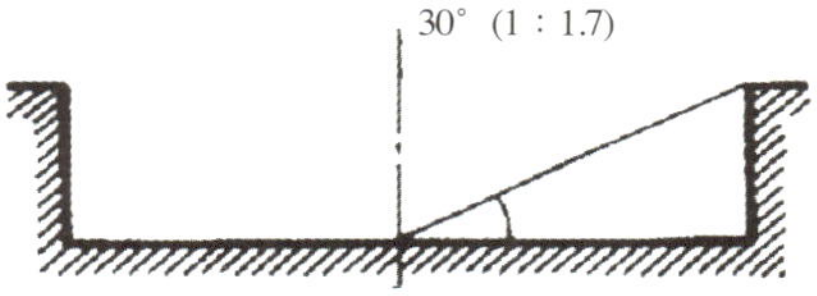

(b) 封闭的限界，广场的最大宽度，可以较完整地观赏周围的建筑整体

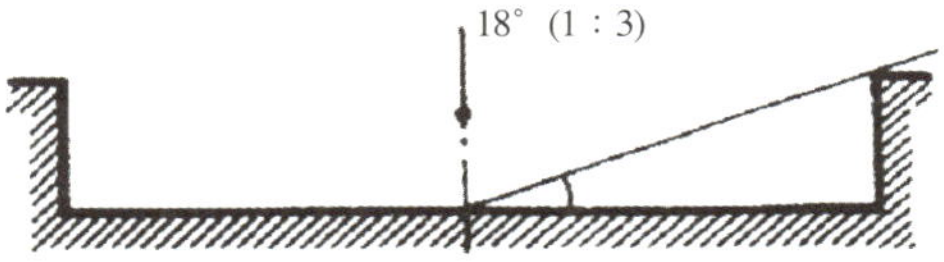

(c) 最小的封闭，观看群体全貌的基本视角

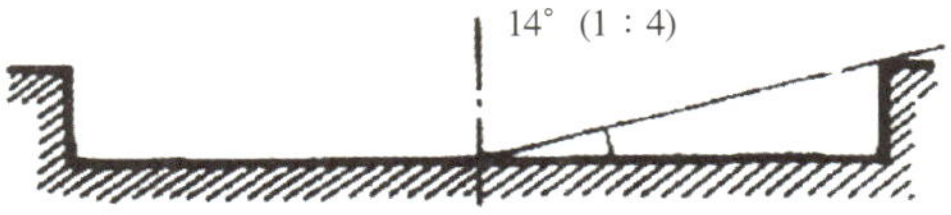

(d) 不封闭，建筑立面起远景边缘的作用

图6.18 广场空间与视角

表6.1 中外城市广场面积比较

广场名称	面积／hm^2	广场名称	面积／hm^2
普利也城集会广场	0.35	大同红旗广场	2.9
庞贝城中心广场	0.39	太原“五一”广场	6.3
佛罗伦萨长老会议广场	0.54	天津海河广场	1.6
威尼斯圣马可广场	1.28	南昌“八一”广场	5.0
巴黎协和广场	4.28	郑州“二七”广场	4.0
莫斯科红场	5.0	北京天安门广场	30.0

于压抑的感觉；

当D：H≈2时，空间封闭的界限，广场的最大宽度，可以较完整地观赏周围的建筑整体，仍能产生一种内聚、向心的空间，而不至于产生排斥、离散的感觉；

当D：H≈3时，最小的封闭空间，观看群体全貌的基本视角，会产生空间排斥、离散的感觉；

当D：H≈4时，空间不封闭，建筑立面起远景边缘的作用，空旷、迷失、荒漠的感觉更强。

广场的尺度除了具有自身良好的绝对尺度和相对的比例以外，还必须具有人的尺度，而广场的环境小品布置则更要以人的尺度为设计依据。

6.2.2 空间的围合

任何人造场所，例如街道、广场等的主要空间质量是它的围合，空间的特点和质量是由围合的方式所决定的。流畅、高效的围合可以较好地塑造广场空间形体，使人产生向心、聚合的心理感受，从而创造稳定的环境。围合限定空间的实体要素很多，可以是建筑物，也可以是树木、地面、柱廊等，而以建筑物为垂直界面围合的空间，最易为人们所感受。

(1) 广场的围合方式

四面围合 这种广场规模尺度较小时，封闭性极强，具有强烈的向心性和领域感。

三面围合 这种广场封闭感较好，具有一定的方向性和向心性。

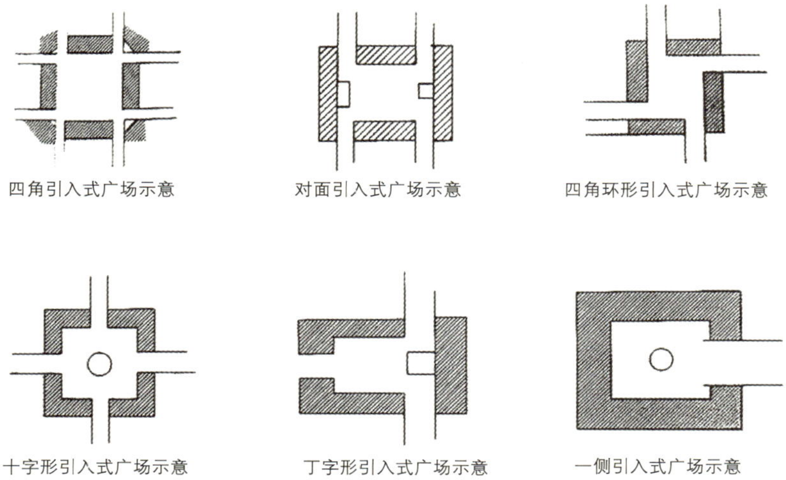

图6.19 广场的空间围合关系

二面围合 这种广场常常位于大型建筑与道路转角处，平面形态有“飞”形和“下”形等。领域感较弱，空间有一定的流动性。

仅一面围合 这种广场封闭性很差，规模较大时可考虑组织二次空间，如局部下沉等。

(2) 主场空间与周围建筑的围合关系（图6.19）

四角敞开的广场空间 这类广场的四角敞开，道路从四角引入，它的明显缺陷是道路将广场建筑与广场地面分开，从而使广场空间变成了一个“中央岛”，造成了建筑的各自孤立，使广场地面只有一条路从角部进入广场一侧，临道路的建筑，与其他两个相邻的建筑立面发生了关系，并减少了角部开口。广场空间效果比第一种要好，但面向道路的两侧建筑与广场的关系较松散，空间的整体感不强。

广场每一个角的开口处都对着一面墙，使人无论从哪个角度看时视线都被建筑物封闭住，由此广场获得了很强的空间效果，建筑与广场也取得了紧密的联系，形成了统一的空间构图。

四角封闭的广场空间 在建筑的中央开口。如果广场的自然焦点处空无一物时，人可以从外部看穿广场，视线没有封闭，空间效果差。所以，常常在广场的中央布置雕像作为对景，但应有很大尺度，并设计得很简洁以突出它的轮廓线。

当广场的开口减少到3个，人们仍然可以从一个方向看穿广场，但从另一方向看，则是封闭的，佛罗伦萨的亚南泽塔广场是最好的例子。

三面封闭，一面开敞的广场空间 这类广场空间在现代城市中最为常见，一般广场的一侧为城市道路，其余三侧均为建筑所围成。当人从道路向广场看时，广场有较好的空间封闭感，为了提高广场空间的完整性，常在广场与道路相邻的一侧，布置座椅、喷泉、花坛、绿化等分隔空间，这样，广场由建筑和各种小品共同构成了一个统一的整体空间。

6.3 城市广场功能设计

不同类型的城市广场在功能、性质、规模、区位等都存在区别，每一个广场只有正确地认识自己的区位性质，恰如其分地表达和实现其功能，才能形成城市空间的有机整体。因此，必须对城市广场在城市空间环境体系中的系统分布作全面的把握（图6.20）。

图6.20 宁波象山人民广场

图6.21 大庆铁人广场

图6.22 瑞士联合银行广场

图6.23 南京湖南路商业街上的山西路市民广场

图6.24 法国巴黎协和广场

6.3.1 位于城市空间核心区的广场

这种广场往往是城市环境中尺度较大、功能多样的公共活动空间，能突出体现城市整体的风貌。通过在广场四周布置重要的建筑物，可以使其成为城市整体空间环境的核心，一系列宏伟的建筑在此展开，一系列重大事件在此发生，人们置身于此，立即感受到整个城市跳动的节奏，它把握着城市跳动的脉搏，既把每个重要的信息传送到城市的各个角落，同时也能感受到来自四面八方的“震动”，例如北京天安门广场和上海的人民广场便具有这样的功能。由于这类广场往往处于建筑密度大、容积率高、交通复杂、车人流量大的城市中心区，因此如何处理好广场与周围用地、建筑及交通的关系非常重要（图6.21、图6.22）。

6.3.2 位于街道空间序列或城市轴线节点的广场

这类广场较多的应用在城市步行商业区，我们往往以某一主题广场作为整个商业区的开端，然后以步行街作为纽带，连接其他各具特色的广场。这种线状空间和块状空间的有机结合，增加了城市空间的广度和深度，大大加强了城市空间群体的感染力和影响力，例如，慕尼黑市中心步行系统。在现代城市综合开发中，利用广场作为城市轴线的节点，展开城市内外公共空间的组织，能使整个区域空间完整有序而富有变化（图6.23）。

6.3.3 位于城市入口的广场

这类广场是进出城市的门户，位置重要，往往能形成城市的第一印象，我们传统上称之为交通性广场。它的设计不仅要解决复杂的人货分流和停车场等动、静态交通问题，同时也要合理安排广场的服务设施，有机组织人的活动空间，综合协调广场的景观元素，把广场空间的功能与形态纳入到城市公共空间的整体，例如南京市火车站站前广场（图6.24）和南京中山门广场便属此类。这类广场虽被用于城市的门面来考虑，但并未纳入生活空间的整体框架，着眼点是交通组织，未被赋予过多的休闲娱乐功能。而国外许多交通广场都采用复层空间的结构框架，将广场设置在屋顶上，与步行天桥、雕塑、绿化以及现代化的自动装置等组合在一起，形成一个优美的整体环境供市民活动。

图6.25 香港某海滨广场

图6.26 上海住友宝莲花园中心广场

6.3.4 位于自然体边缘的广场

这类广场与自然环境密切结合，最能体现可持续发展的生态原则。一般是利用溪流、山岳、江河、林地以及地形等自然景观资源和生态要素形成公共开放空间，这种空间是步行者的专用空间，没有汽车干扰，一般与绿地结合紧密。如美国波士顿市把沼泽地、林荫道、公园、广场、滨海绿地等连成一个绵延数十公里、贯穿全城的绿链。日本名古屋的码头海滨广场和我国成都市府南河绿地广场都是此类广场的典型代表。由于这类广场富有自然情趣，既能欣赏到城市中美丽的自然景观，又暂离城市的喧嚣和污染，因而深受社会公众的喜爱，例如香港某海滨广场（图6.25）。

6.3.5 位于居住区内部的广场

在城市居住区内常设置可供居民游戏、文娱、休息、健身、散步等活动的小型广场，以满足居民对户外活动的需要。这类广场面积不大，功能也不复杂，根据居民需要确定广场位置，强调和周围居住空间环境相互协调，并在广场内适当设置凳椅、亭台、廊架、花草、树木等，以增强广场的可用性和可看性（图6.26）。

6.4 广场城市设计实例

6.4.1 北京西单文化广场

北京西单文化广场绿地（图6.27）位于西单路口东北方向，其用地前身为西单劝业场及单层简易商业用房。早在10年前该用地就被规划成集中绿地，用于改善西单商业地区的环境。经过1980年代中期以来10多年的建设，西单商业区已建成一批现代商业设施，然而位于西单路口的广场用地却由于资金等方面的原因，整修工程迟迟没有启动。直到1997年9月份，该项目被北京市政府确定为迎接建国50周年献礼工程，才得以正式建设。

该项目总建筑面积35万m^2，其中广场占地1.5万m^2，工程总投资54亿元，1998年3月开工，1999年8月全部建成。西单文化广场分地上、地下两层，地上在广场西南角有一个绿化与铺装组合的通过广场，位于广场中央，高13m，直径7m的超白钢化玻璃锥是广场的标志性建筑：广场东北部为坡式绿地。在棋盘式绿地广场南部和西部，为棋盘线的红、黄、灰三色广场砖甬道，它与甬道两侧的黑白点花岗岩路牙一起把整个广场西南部隔成一块块方形“棋面”，以备种植绿色期较长的黑麦草。除绿地外，广场北部及中央玻璃锥西侧，是供游人戏水的喷泉、水幕两处水景及表演台。广场25万m^2的地面部分是以透明玻璃锥为中心，点缀小品、雕塑、水幕、鲜花、科普画廊的“绿色”公共场所。

6.4.2 南京汉中门广场

汉中门市民广场（图6.28）是南京市实现“三年面貌大变”奋斗目标的重点工程之一，该广场于1997年3月建成并向市民开放，是一项通过城市设计实现的综合性的古迹保护与旧城更新工程。

汉中门广场位于汉中路与虎踞路相交十字路口的东南角，占地面积2.2万m^2，广场内有全国重点文物保护单位——石城门，又称汉西门，始建于南唐，为南京现存历史最为悠久的城门。这里历史文

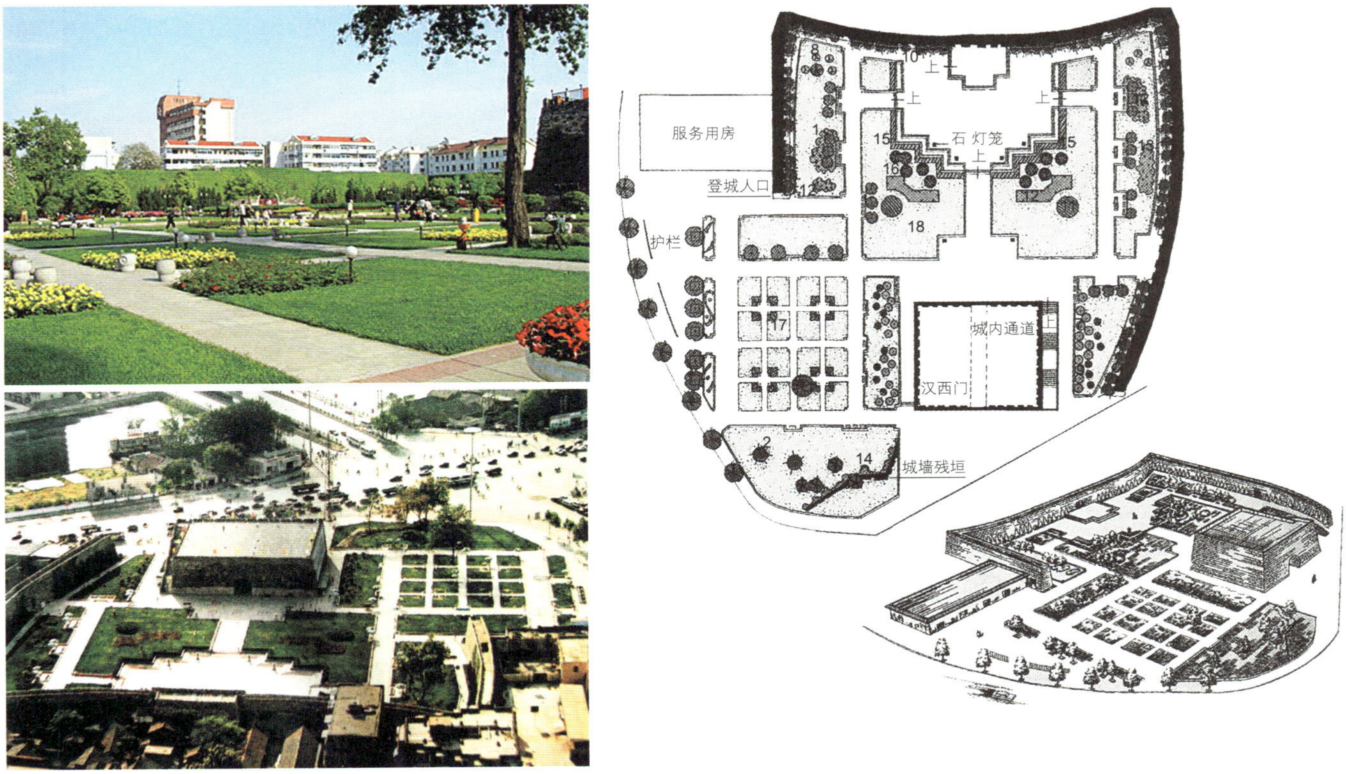

图6.27　北京西单文化广场

图6.28　南京汉中门广场

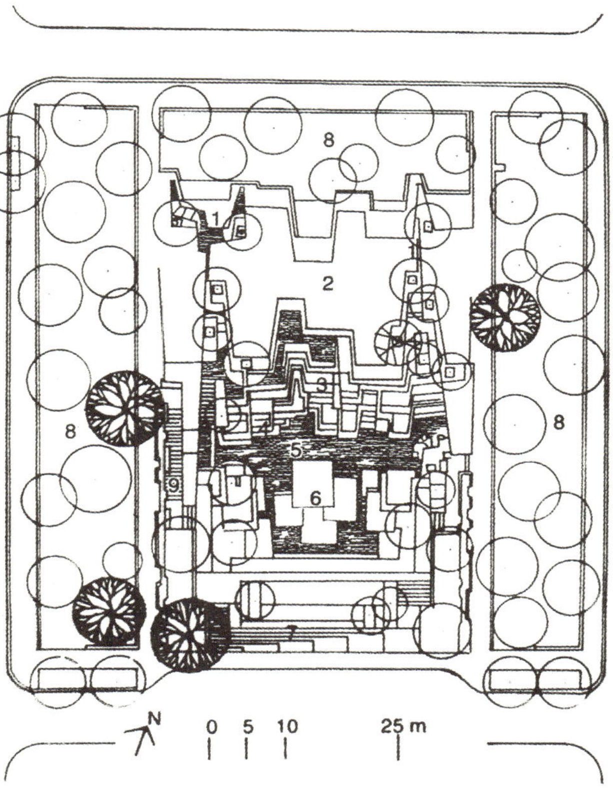

1. 源头
2. 小广场
3. 层层跌水
4. 大瀑布
5. 大水池
6. 水中平台
7. 大台阶
8. 绿化带
9. 台阶

图6.29 美国伊拉·凯勒水景广场

化氛围浓重，是六朝古都南京悠久的历史文化丰富积淀的一个缩影。因此，汉中门广场规划设计的核心是充分挖掘历史文化的积淀，并将之与时代特征紧密结合，整体风格较为内向、含蓄、凝重。

广场总体布局分为南部的下沉式广场活动区、休闲漫步区和北部的回归田园区。广场南部由古城堡、古城墙围合，空间较为封闭，风格古朴庄重，规划中恢复了石城门的中轴线，打通券门，并在轴线尽端布置一面积为1600m^{2}的下沉式广场，供市民进行各项活动，沿城墙四周布置曲径，供市民休闲漫步。广场北部，空间较开阔，作方格网式布置，以草坪造景为主，绿地呈“田”字形，象征着“都市中的田园”，体现了都市人渴望回归田园、回归自然的理念，具有时代象征。另外，广场还设置一些电话亭以及下人行道出入口，以方便市民来往。

6.4.3 波特兰伊拉·凯勒水景广场

伊拉·凯勒水景广场（图6.29）最初被称为美国俄勒冈州波特兰市大会堂前喷泉广场，后以企业家兼慈善家伊拉·凯勒先生的名字命名，水景广场平面近似方形，占地约0.5 hm^2，广场四周为道路环绕，南面为第三大街。广场面向南偏东，正对着第三大街对面的市政厅大楼，除了面向市政厅大楼外，其余三侧均有绿地和浓郁的树木环绕。水景广场分为源头跌水瀑布、广场、大水池及水中平台三个部分。最北、最高的源头广场为平坦简单的铺地和水景的源头，铺地标高基本与道路相等。源头的水通过曲折、渐宽的水道流向广场的跌水与大瀑布部分。跌水为折线形、错落排列，水瀑层层跌落，自然灵动。而跌水形成的壮观瀑布倾泻而下，落入大水池之中，将自然的景致模仿的出神入化。跌水部分可以供人们嬉水、纳凉。设计师在跌水池最外侧大瀑布边的池底到堰口高度做了设计规范要求的拦护高度1.10m，同时将堰口宽度做成0.60m以确保安全。大瀑布与跌水池部分采用较粗犷的混凝土饰面，表面为垂直凹凸带形质感纹理。大水池位置最低，与第三大街路面有近1m的高差。从路面拾级而下所到达的浮于水面之上的平台，既可以作为近观大瀑布的最佳位置，又可以成为以大瀑布为布景、以大台阶为看台的舞台。

水景广场建成后，与波特兰市的爱悦广场和小树林公园一起成为体现自然、与自然交往、欢庆为主题的3个现代城市开放空间，水景广场中巨大的水瀑、波涛、粗糙的地面、茂密的树林在城市人工环境中为人们架起了一座通向大自然的桥梁，受到波市市民的赞许。

6.4.4 温哥华罗勃森广场公园

在开放空间十分缺乏的加拿大温哥华市中心，罗勃森广场（图6.30）给城市带来了自然与生机。罗勃森广场建筑群不能仅仅看作一群公共建筑，实际上是绿地不可分割的一部分。罗勃森广场及建筑群占据了南北方向连续的3个街区，建筑师埃里克森没有将位于市中心区的街区改造仅仅视为一个建筑工程，而是对建筑环境与绿地作了特别的处理。北街区新古典主义风格的老法院是温哥华市中心的象征，现已改造成艺术画廊，中间的街区是英属哥伦比亚省政府办公大楼的公共机构，建筑楼顶上布置了一座台地般的城市公园，公园中有一片密林与小山丘以及巨大的落水瀑布、波光粼粼的水池。两街区间的罗勃森大街移去了主要车流交通，并在两

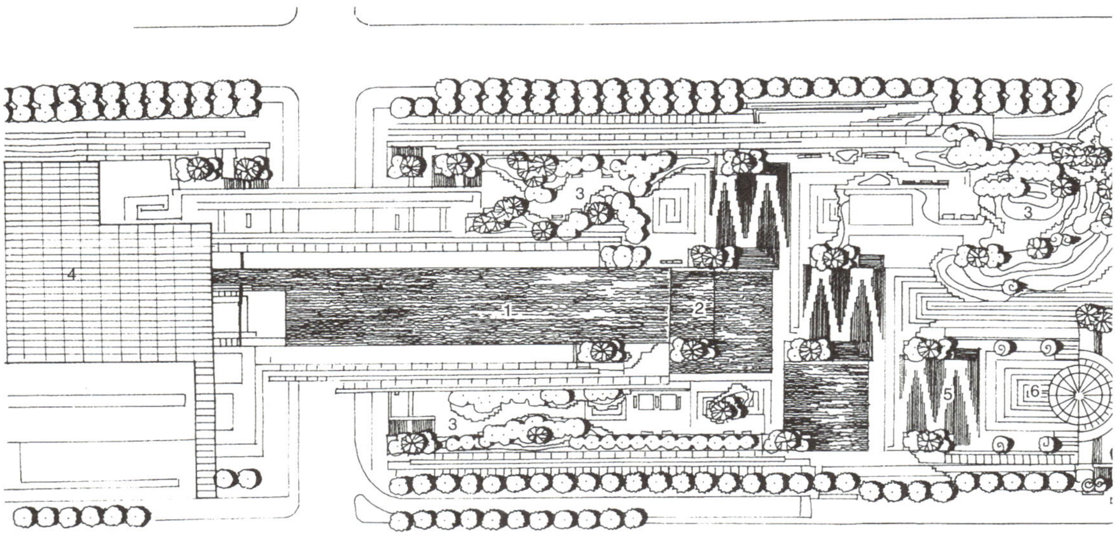

1. 大水池　2. 大瀑布　3. 绿地公园　4. 高等法院　5. 无障碍大台阶　6. 小广场

图6.30　温哥华罗勃森广场

侧布置了一系列的公共娱乐设施，例如旅游信息中心、溜冰场、展览室、餐馆、大讲堂、集合场和庭园。南街区被新建的法院大楼所占据，与省政府大楼一样，法院建筑也采用了开放形式。法院大玻璃屋顶下设置了很多种植坛，花草绿树形成一种一般法院少有的亲切与开放的祥和氛围。

建于屋顶上的公园以水景、大台阶和绿化为特征。政府大楼顶层最高的大水池从新建法院餐厅开始到落水处，全长近100m，巨大的瀑布从大楼侧边窗带上临空挂下，跌入另一个带天窗的平屋顶水池上，成了名符其实的“天池”。这种处理方式也使建筑室内环境较为别致，从屋顶上一层层跌落下的水瀑最后到达地面，与娱乐空间连接起来。屋顶之间的高差用大台阶处理，按无障碍设计的大台阶与巨大的水景尺度相呼应，成为公园中另一个特色所在，另外大水池与大台阶边用种植坛作安全挡护。

罗勃森广场建筑屋顶形成的台地、大台阶、大瀑布与水池、花丛树林、各种大小空间呈现了一种整体主义设计思想，是建筑与园林环境相互穿插、渗透和相互补充的完美体现。罗勃森广场既为温哥华市中心提供了十分宝贵的城市公共绿地，又为文化中心创造了自然环境。

6.4.5 日本筑波科学城中心广场

日本筑波科学城中心广场（图6.31）实际上是地下商场的屋顶，广场外围地面是不同尺度与色彩的错落网格铺装，中心部分为一个巨大的椭圆形下沉广场，与地下商场地面相平。椭圆形广场中心

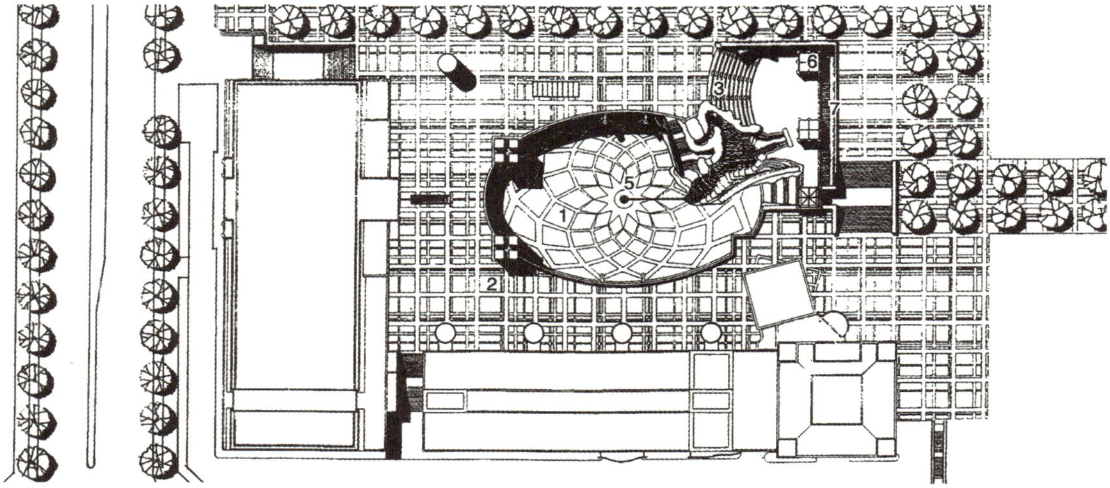

1. 下沉广场 2. 上层广场铺地 3. 大台阶 4. 跌水 5. 中心喷泉 6. 凉亭 7. 喷头水墙

图6.31 日本筑波科学城广场

是一洼陷的孔洞，东北角落是一组跌落水石景，北侧为一曲弧形露天剧场式大台阶，台阶下侧为平台。与台阶相对的是一片由众多小喷头组成的水墙。水墙两侧各设一凉亭，亭柱由灰色片石叠成，亭顶为金属框架，水墙与椭圆广场之间是一组跌水和叠石，顶部水池溢下形成跌水，并与大台阶平台一侧的溪流汇合一处，层层跌落后涌入很狭窄的水道，最后流入椭圆形广场中心的孔洞之中。设计师矶崎新在创作中有意地“抄袭”了一些著名设计师作品中的部分。例如，椭圆形广场及其图案是米开朗基罗的罗马卡比多广场的翻版，不过在图案上他反转了原作的色彩关系；水池顶部缠着黄飘带的金属树形雕塑是英国当代建筑师汉斯·霍因在维也纳旅行社中的复制品；而层层的跌水明显受到美国园林大师海尔普林水景设计手法的影响，广场呈现了一个十分典型的后现代主义自我意识的表达。但是，在设计师这种自我表达的背后，我们看到了设计师耳濡目染的传统文化的一种潜意识反映，例如广场中心并没有设置像欧洲传统的雕塑或日本的塔一类的建筑物，而是令其成为洼陷，用来隐喻日本城市缺乏中心和场所精神，西北部跌水环境中千垒的块石在整组很外向的环境中显现了日本传统的手法。

6.4.6 横滨山下公园新广场

横滨山下公园新广场（图6.32）位于横滨市港区附近，占地1.3hm^2，公园位于2层的停车场屋顶之上，与地面有近8m的高差。公园设计以海洋为构思主题，植被代表邻近的海洋，水面代表蓝天；园中还通过硬质景观设计，塑造了众多海洋生物的形象。

从东面主入口进入公园有一条明显的轴线，轴线上设有主水景台阶、连接台阶和轴线端的半圆形中心广场三部分。主水景台阶两侧为弧形台阶，台阶之间是一组水景：有薄薄的瀑布、一只张开大嘴的鱼头喷泉和水池与铺地。连接台阶略呈弧形，中间也有随台阶层层跌落的水梯，其边缘用碎陶片拼出鱼和其他海洋动物图案，与巴塞罗那的圭尔公园入口台阶很相似。半圆形中心广场是全园的中心，广场中心为一喷泉，6条铺装从中心喷泉呈放射状散开，穿过广场U形墙的门洞。设计师将此称为航海的罗盘广场，这几条道路寓意通向世界各大洲的航线。广场铺地上都相应地设计了代表各大洲的图案，广场U形墙外侧是公园的庭园区，从中心广场喷泉向南，有一组环形金属架组成的“绿色通廊”，再向南过一人行桥可到达多纳博物馆。

图6.32 横滨山下公园（1）

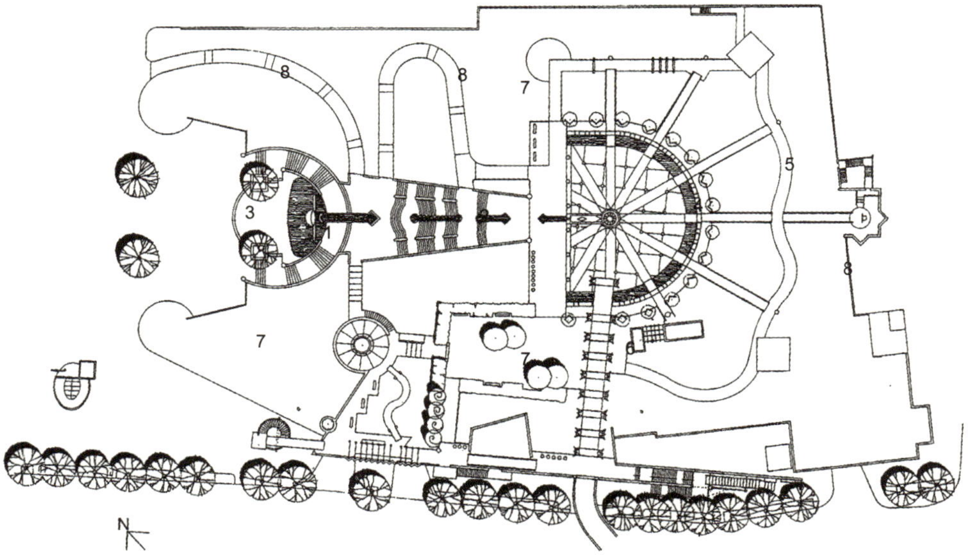

1. 主水景台阶 2. 连接段台阶 3. 喷泉水池 4. 中心广场 5. 庭园区 6. 绿色通廊 7. 种植绿化区 8. 园路

图6.32 横滨山下公园（2）

7 城市道路景观设计

城市道路的定义是什么？“城市中行人和车辆往来的专用地”。道路联系城市各功能区，构成城市的骨架及结构，犹如一个城市的走廊和橱窗，是人们认识城市的主要视觉和感觉场所。

道路环境是城市环境的重要组成部分，反映城市面貌和个性的重要因素。凯文·林奇在《城市的形象》一书中，列举了构成城市形象的五大要素，道路处于首要地位，这足以说明道路景观作为道路的组成部分，在创造有特色的城市形象中的重要性。

城市道路景观是在满足城市道路交通特性的前提下，由地形、植物、建筑物、构筑物、绿化、小品等构成要素组成的具有使用、生态和景观功能的“带”状空间。

城市道路景观作为城市重要的带状空间景观，是城市景观的重要组成部分，它既是制造城市良好景观的基础，也是潜在的艺术形象。作为城市设计中的重要一环，城市道路景观已成为自然景观及建筑景观等各种人工景观与城市道路之间的“软连接”，越来越为大家重视，其质量好坏直接体现一个城市的景观质量，代表着一个城市的形象。从更深的角度讲，它还可以反映一个城市的政治、经济、文化水平，作为城市景观构成的基元之一，道路是城市物质景观和人文景观集中的体现，是整个城市的缩影，无时无刻不向人们展示着城市的魅力，讲述着城市的文化与精神，如北京的王府井大街、上海的南京路、巴黎的香榭丽舍大街等。

7.1 城市道路发展概述

道路景观最初是以行道树种植的形式出现的，从单纯的行道树种植到现在的道路景观，世界各国都经历了不同的发展阶段。

7.1.1 国外城市道路景观的发展过程

文献记载中世界上最古老的行道树出现于公元前10世纪，建于喜马拉雅山麓，连接印度加尔各答和阿富汗的干道的中央与左右，种植了三行树木，称作大树路。其后，公元前8世纪后半期，美索布达米亚在人工修建的丘陵上兴建宫殿，并以对称的规划布局配置松树与意大利丝柏，自此欧洲各国开始了城市道路绿地建设的篇章。

之后的几个世纪，道路绿化大多只是在户外体育场或竞技场散步道路旁种植法国梧桐或各国在巡礼的街道上种植当地的乡土树种。如希腊时代的斯巴达的户外体育场；罗马时代的神殿前广场与运动竞技场。

文艺复兴时期是欧洲各国道路绿化的转折点，欧洲一些国家的街道绿化有了较大的发展。如法国亨利二世命人在境内主要道路栽植行道树，因而有了国道种植欧洲榆的记载。1647年在柏林设计了菩提树大道，在道路东侧配置了4～6列树木的林荫大道。这条美丽的林荫大道对日后法国巴黎园林大道的建设有极大影响。1625年，英国在伦敦摩尔菲尔斯地区，设置了公用的散步道（图7.1），长约1km，兼有车道功能，种植了4～6排英桐（槭叶法国梧桐），成为女王陪同国宾乘坐马车巡视所通行的迎宾道。这条路开创了都市散步道栽植的新概念，即所谓的林荫步道（The Mall）。它成为闻名于世的美国华盛顿市林荫步道之原型，是美国各大都市设计林荫道的典范，也是日本

图7.1　17 世纪上半叶，伦敦的林荫步道

图7.2　十月香榭丽舍大道，秋意浓浓

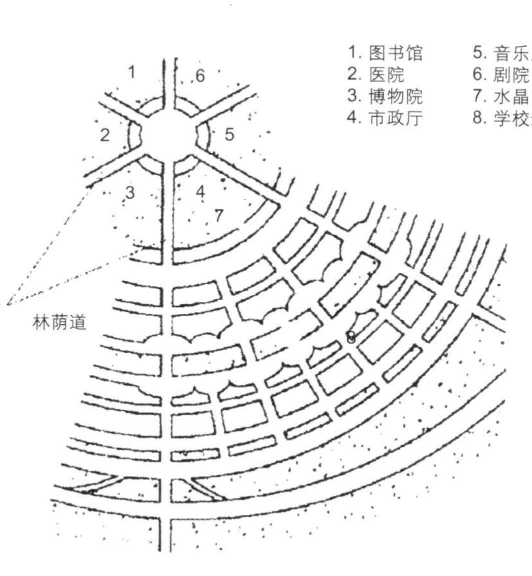

田园城市平面的局部

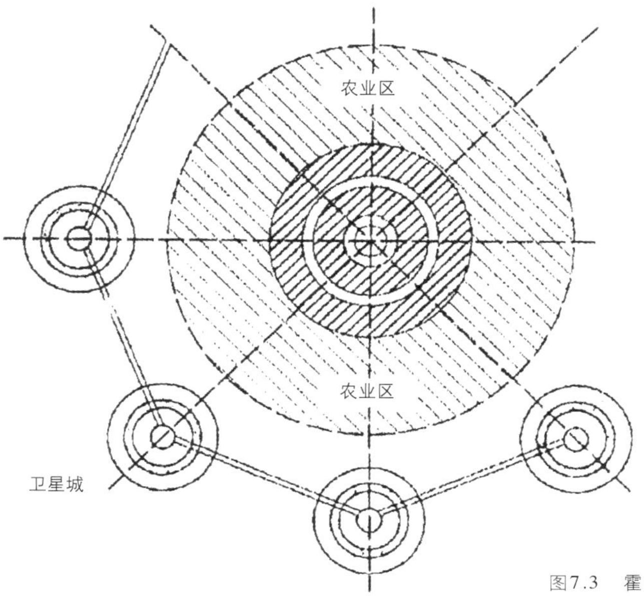

各田园城市之间以农牧区相隔

图7.3 霍华德“花园城市”方案图

购物街（Shopping Mall）的起源。

18世纪后半期，奥匈帝国约瑟夫二世1770年颁布法令，在国道上种植苹果、樱桃等果树作为行道树。这种传统至今在匈牙利、南斯拉夫、德国和捷克等国延续使用。

18世纪末至19世纪初，法国政府正式制定了有关道路须栽植行道树的法令，相继颁布的管辖法令、行道树栽植法令对栽植位置、树种选择、树苗检查、树杈、砍伐与修剪的手续等事宜均加以规范。这是法国自16世纪亨利二世以来，在欧洲各国中道路行政，特别是栽植行道树的相关法令方面最先进的。

工业革命之后，都市规划发展，扩张迅速，行道树栽植日渐盛行。19世纪后半叶，欧洲各国大量修建环状街道或辟局部为园林大道，以修饰景观，有宽阔的游憩散步路，使城市面貌更加生动活泼，如1958年在巴黎修建的香榭丽舍大道（图7.2），成为近代园林大道之经典。

随着城市建设的日新月异，城市的快速发展及交通运输压力的增大，汽车的日益增多，城市必须建立宽阔的道路和方便的交通网。行道树作为城市建设的组成部分，其布置形式和结构也发生了很大变化，特别是近几十年来随着工业的高速发展，城市环境日益恶劣，很多城市在新的规划中普遍要求增加绿地，以改善和保护环境。国外城市规划理论中曾出现“绿色走廊”、“城市林带”、“花园城市”（图7.3）等设想，并得到实践。

7.1.2 中国城市道路景观的发展过程

我国城市道路景观建设具有悠久的历史。《周礼·考工记》记载“匠人营国，方九里，旁三门，国中九经九纬，经涂九轨，左祖右社，前朝后市，市朝一夫”（图7.4），规定了城市环路、郊区路的宽度，并确立了城市道路景观的分级体系。

行道树的种植在《周礼》一书中已有记载，公元前5世纪周朝由首都至洛阳的街道种有许多列树，来往的过客可在树荫下休息。《汉书》中“秦为驰道于天下……道广五十步，三丈而树，原筑其外，隐以金椎，树以青松”，驰道是指城市与城市之间的道路，就是现在的公路，在两千多年前这样大规模地沿路种青松，在世界也是罕见的。

西汉时长安“路衢平整，可并列车轨，十二门三涂洞辟，隐以金椎，周以树木”，据后世考究，

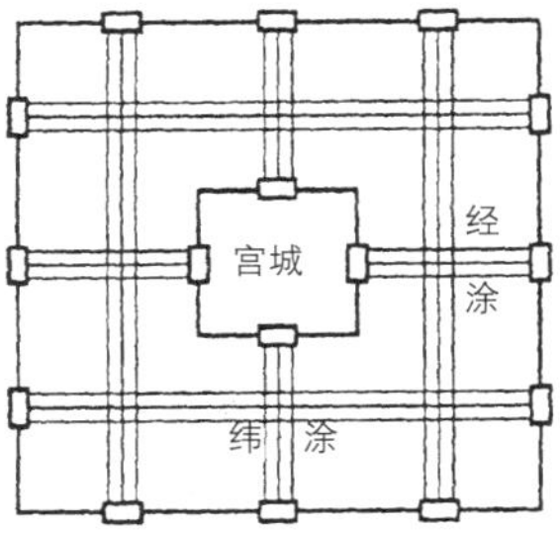

图7.4 周王城平面想像图

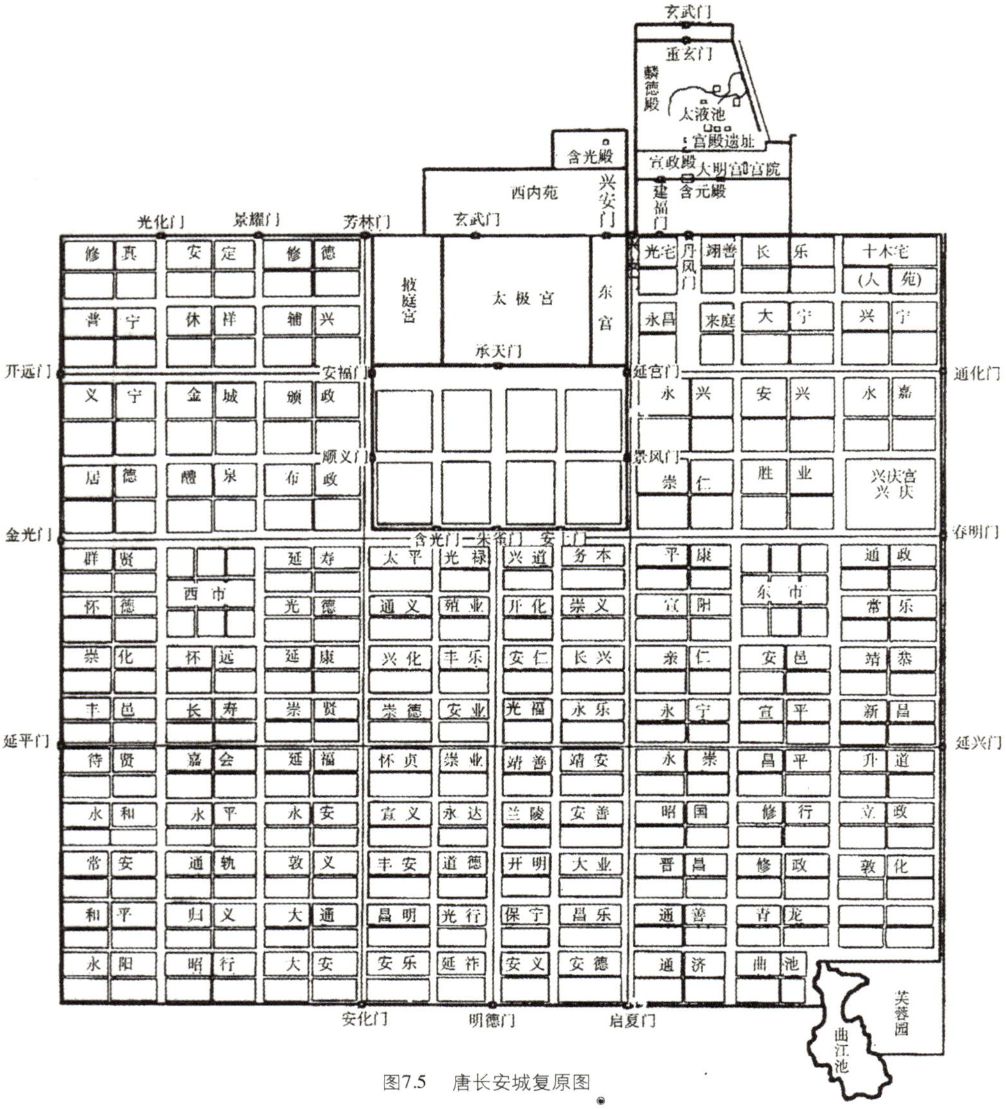

图7.5　唐长安城复原图

长安城南北并列14条大街，东西平行11条大街，将全城划分为108个街坊。中轴线上的朱雀大街宽150m，安上门大街宽134m，东西大街宽120m。街道路面以土铺就，两侧有宽深各2m的水沟用以排水，街道两侧种有成行的槐树。

图7.6　道路景观在城市建设中扮演着日益重要的角色

东汉洛阳，除宫苑、官署外，有闾里及24街，两侧植栗、漆、梓、桐作为行道树；西晋洛阳的宫门及城内中央大道“皆分为三……夹道种植榆槐树，此三道四通五达也”；南北朝建康作为宋、齐、梁、陈各朝的首都，城市布局曲折而不规则，但位于中央的御道却砥直，同时两侧布有御沟，沟旁种柳，故有“飞甍夹驰道，垂柳荫御沟”的记载。

隋朝东都在周王城故址，宫城正门面前的大街宽一百步，两旁种植樱桃和石榴，自端门至建国门南北长4.5km，回望可见树木成行。

唐玄宗时定有路树制度，首都长安（图7.5）设有南北11街，东西14街，布局严谨，城内街道以槐树、垂柳、桃、李、榆为主要树种，唐宋时代中国南方的行道树多用木棉（Bombax Ceiba）。

北宋东京是在后周都城基础上建成的，宫阙布局大多模仿自洛阳。宫城正门南的御街，以水沟把路分成三道，种植桃、李、梨、杏等树于沟边，沟外又设木栅限制行人进入。沟内布有芙蕖莲花，春季繁华似锦，夏末荷花飘香，秋季果实累累，此时的街道景观已经发展得极为丰富了。

清中叶后期，欧美对中国的影响渐深，沿海城市迅速兴起，一些新建街道纷纷引种法国梧桐、刺槐、意大利黑杨等树种作为行道树。

我国古代城市道路景观具有悠久的历史，丰富的内容和形式，严格的管理制度，其中有些是可以借鉴的，值得我们学习和发扬。

建国以来我国的城市建设发展很快，面貌日新月异，不少城市在道路景观建设方面取得了很大的成绩（图7.6）。如北京、深圳、广州、重庆等在城市道路绿化景观方面都有各自符合自己地方特色和实际情况的规划研究，并用于指导城市建设，取得了较好的景观、生态和旅游效益，也广泛得到了市民和外地游人的好评。现代城市道路景观将向着多样化、生态化、科学化、自然化等方面发展，以满足现代城市对道路景观多样的要求。

7.2　城市道路的分类

城市道路景观作为城市环境中的重要元素，其带状或块状的“线”性可以使城市景观连成一个整体，美化街景，衬托和改善城市面貌。可以说，道路景观的形式直接关系到人们对城市的印象，现代化大城市的道路性质各有不同，因此，城市道路景观的形式和类型也丰富多彩。城市道路的类型可依据道路的交通地位、绿化断面布置形式及道路功能三者进行分类。

7.2.1　按道路交通地位分类

我国的《城市道路设计规范》依据道路在城市道路网中的地位、交通功能以及对沿路的服务功能，将城市道路分为4类：城市快速路、城市主干路、城市次干路和城市支路。

城市快速路　以通过性交通为主（图7.7），封闭式管理，禁止直接进出，提供高速服务，通常在特大城市或大城市中设置，连接市区和主要的近郊区、卫星城、对外公路等，为城市中大量、长距离、快速交通服务。

城市主干路　是城市交通要道（图7.8），以通过性交通为主，进出交通为辅，联系城市主要地区、交通枢纽、主要公共活动中心，以及交通和市外交通干线。

城市次干路　联系沟通主干路与支路（图7.9），仍以通过性交通为主，但交通量比主干路大为减少，车速也较慢。次干路与主干路结合组成道路网，是城市中数量最多的、一般的交通道路，集散交通兼有服务功能。

城市支路　以进出性交通为主（图7.10），出入

7

8

图7.7　城市高速公路效果图

图7.8　主干路是城市交通要道

图7.9　繁忙的城市道路网

图7.10　国外某城镇街景

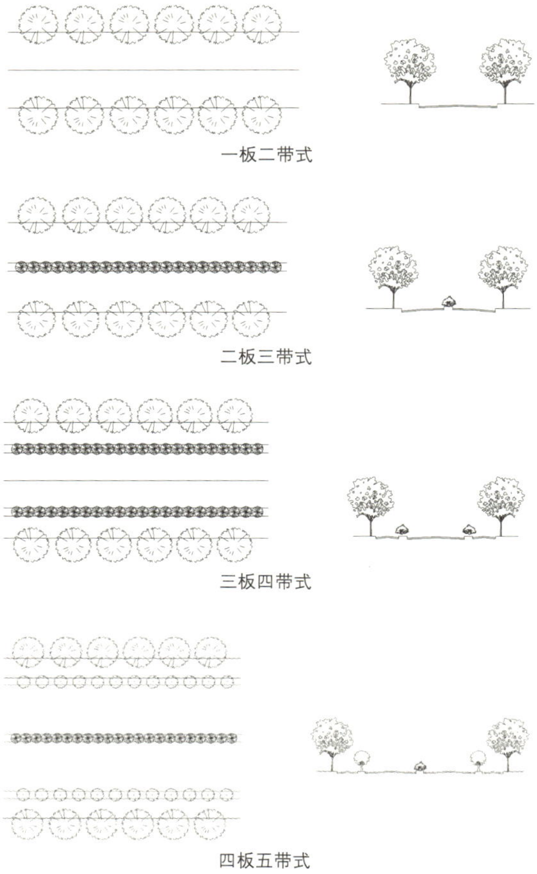

图7.11　断面形式

地块和小区等地段的必经之途，为次干路与街坊路的连接线，是地区通向干道的道路，解决局部地区交通，以服务功能为主，要保证人流的安全出入。

7.2.2　按绿化断面布置形式分类

道路绿化是指建筑红线之间的绿化，包括人行道绿化带、基础绿带、防护绿带、广场和公共建筑前的绿化地段、街头休息绿地、立体交叉的绿化、绿化停车场，还包括高速公路、花园林荫路、滨河路等多种形式。道路绿化的断面布置形式主要有（图7.11）：

一板二带式　即一条车行道和二条行道树绿带组成。中间为车行道，车行道两侧的人行道上种植行道树。这种形式最为常见，它简单整齐，管理方便，用地比较经济，但如果车行道过宽，行道树的遮阴效果则较差，同时非机动车辆与机动车辆混合行驶，不利于组织交通。通常适合于路幅较窄，车流量不大的道路。

二板三带式　即道路中间设有分车绿带，将车行道分成单向行驶的两条，道路的两侧各有一行行道树绿带。此形式对城市面貌有较好的效果，将通行车辆分为了上、下行，减少了行车事故发生，缺点是不同车辆不能分开行驶，还不能完全解决互相干扰的矛盾，通常适合于机动车多，夜间交通量大而非机动车少的道路。

三板四带式　即车行道利用两条分车绿带被分成三条，中间一条较宽通行机动车，两侧为非机动车道，连同非机动车道一侧的行道树绿带共有四条绿带。此种形式适用于路幅较宽，车流及人流量较大的城市干道，解决了各种车辆混合行驶、相互干扰的交通问题。三板四带式具有安全、交通方便、绿化遮阴效果好的优点。

四板五带式　即车行道利用三条分车绿带分成四条，连同行道树一侧的绿带共设有五条绿化带，适合于城区内的主要交通干道。优点是为了保证各种车辆单向行驶、互不干扰，具有较多的绿化空间，可以营造丰富的绿地景观，因此四板五带式的道路起到了展现城市形象和道路绿化水平的窗口，但缺点是用地面积较大，其中部分绿带可用栏杆代替，以节约城市用地。

图7.12　深圳滨海大道，营造自然、生态、立体的道路景观

7.2.3　按道路功能分类

根据道路的交通特性，或称道路功能，可分为交通性道路和生活性道路。

交通性道路　是一种典型的城市带状开放空间（图7.12），通常连接城市的不同功能区，担负着各区之间的人流、物流的运输功能，满足了各功能区之间日常人流和物流空间转移的要求。

由于道路交通流量大，车行速度快，通常路幅较宽，多采用直线的道路线型。交叉口间距较大，其景观特性除了要满足安全性、可识别性、可观赏性、适合性、可管理性以外，还因人的需求而需要提供方便性，如公交车停靠站、座椅、垃圾箱等。

生活性道路 是为城市各功能分区内的交通服务的，其主要任务是为功能区内的人流和物流的移动提供空间。可分为以居住为主的街道、以商业为主的街道、以行政办公为主的街道（图7.13），这种街区内车类型复杂，各种型号的机动车、公交车、自行车和行人并存，人流较多，车行速度慢，保证非机动车和行人的安全就显得尤其重要。

景观设计强调其多样性与复杂性，其景观特性还应增加可读性与公平性（为市民提供各式各样的使用功能，包括无障碍设施）。

交通性道路因其路线长、数量大，较生活性道路更具广泛代表性。

随着城市规模的加大，城市道路交通类型和网络也越来越复杂，也有根据道路本身的服务特征及街面建筑布置划分为交通性道路、商业性道路（图7.14）、生活性道路、游览性道路（图7.15）以及林荫路等。

7.2.4 按植物造景效果分类

现代城市中，众多的人工构筑物往往使得城市景观单调枯燥，而绿化在视觉上能给人以柔和和安静感，并赋予城市以树木、灌木、草地、花卉，点缀着城市的道路景观，它们以不同的形状、色彩和姿态吸引着人们，具有多种多样的观赏性，大大丰富了城市景观（图7.16）。从道路环境的美学观点出发，从树种、树形、种植方式等方面来研究绿化与道路、建筑协调的整体艺术效果，是绿地成为道路环境中有机组成的一部分。从植物景观角度来考虑栽植形式，可分为密林式、花园式、田园式和简易式。

密林式 沿路两侧浓茂的树林（图7.17），主要以乔木再加上灌木、常绿树和地被，封闭了道路。行人或汽车走入其间如入森林之中，夏季绿荫覆盖凉爽宜人，且具有明确的方向性，因此引人注目。一般用于城乡交界处或环绕城市或结合河湖布置，沿路植树要有相当宽度，郊区多为耕作土壤，树木枝叶繁茂，两侧景物不易看到。假若有两种以上树种相互间种，这种交替变化就能形成韵律，但变化不应过多，否则会失去规律性变成混乱。

主要用于造园，路边休息所、街心、路边公园等也可应用，植物造景模拟自然景色，比较自由，主要根据地形与环境来决定。沿街在一定宽度内布置自然树丛，树丛由不同植物种类组成，具有高低、浓淡、疏密和各种形体的变化，形成生动活泼的气氛。这种形式能很好地与附近景物配合，增强了街道的空间变化，但夏季遮阴效果不如整齐式的行道树。在路口、拐弯处的一定距离内要减少或不种灌木以免妨碍司机视线。在条状的分车带内自然式种植，需要有一定的宽度，还要注意与地下管线的配合，所用的苗木也应具有一定规格。

花园式 沿道路外侧布置成大小不同的绿化空间（图7.18），有广场，有绿荫，并设置

图7.13 上海世纪公园前的交通要道，为交通、人流集散的重要道路

图7.14 杭州信义坊商业街区

图7.15 上海延中绿地的游览步道

图7.16 绿色景观以其独特的柔和和安静，点缀着日益人工化的都市环境

图7.17 17世纪上半叶，伦敦的林荫步道

图7.18 广州某城市绿地，植物配置高低错落，浓淡有致，一派自然景色

必要的园林设施。道路绿地可分段与周围的绿化相结合，在城市建筑密集、缺少绿地的情况下，这种形式可在商业区、居住区内使用。在用地紧张、人口稠密的街道旁可多布置孤立乔木或绿荫广场，弥补城市绿地分布不均的缺陷（图7.19）。

田园式　道路两侧的园林植物都在视线以下，大多种草地，空间全面敞开（图7.20）。在郊区直接与农田、菜田相连，在城市边缘也可与苗圃、果园相邻。这种形式开朗、自然、富有乡土气息。在路上高速行车视线较好，主要用于气候温和地区。

图7.19　在道路转角处设置的街头绿地，面积不大，景致独特

图7.20　中山歧江公园内，经人工雕琢过的田园风光，依然吸引了无数的游人

简易式　沿道路两侧各种一行乔木或灌木形成“一条路，两行树”的形式，在道路绿地中是最简单、最原始的形式。

7.3　城市道路景观设计原则

城市道路是反映城市面貌和个性的重要因素，是人们认识城市的主要视觉和感觉场所，不同的城市道路景观，可以体现城市的风貌和特色，城市道路景观的设计应遵循功能性、人性化、整体性、个性化和可持续发展的原则。

7.3.1　功能性的原则

城市道路的首要功能是交通运输的功能，必须首先满足其在城市交通系统中交通的需要，达到安全、快捷、顺畅的目的。此外还应包括道路的安全功能、标志功能、照明功能等，即必须有完善的交通组织、公交系统和交通换乘体系、交通标识牌、通讯道路交通设施及照明设施等。

现代化的城市道路交通系统多层次、复杂，既有快速道路系统、交通干道系统，又有自行车系统、公共交通系统和步道系统等。不同交通方式对道路功能的要求不同，相应地对景观元素的要求也不同，因此道路绿地景观设计必须要符合对应道路的功能性质，道旁建筑、绿地、小品以及道路自身设计都必须符合其特点。

如商业街、步行街道路景观的尺度要和人们的步行速度相协调，所以景观设计时更多地从静态角度考虑，并且为了反映商业街的繁华，不遮挡人们的视线，行道树应该选择小乔木，株距要大些，或不作行道树种植，代以盆栽绿化（图7.21）；交通干道（图7.22）的景观构成中植物的尺度、配置方式都要与观赏者即机动车驾驶者的观赏速度相符；居住区道路的级别较多，道路的宽度和线形也较前两者灵活，绿地景观的设计要根据具体道路的宽度和线型在植物的高度、形态、色彩和配置方式上做综合考虑。诸如此类，其设计目的即创造适合步行者及驾乘人员的城市道路景观设计，满足使用者的生理和心理需求。

相对而言，优美的道路线型、造型别致的过街天桥、分隔车道的绿化隔离带、精心设计的街头小景、华丽的灯柱等，在满足了道路的功能要求同时，又创造出能为人提供舒适、愉悦的城市交通环境，在精神上给人以美的感受。

7.3.2　人性化的原则

人群是构成城市社会的最基本单位，是城市发展的主体，一个景观设计的成败、水平的高低以及吸引人的程度，就看它在多大程度上满足了人类户外环境活动的需要，是否符合人类的户外行为需求。城市道路景观的设计应处处体现出对人的活动的体贴和关怀，从人的角度出发，满足人的各种生理和心理需求，或者说达到用路者在其行为心理与视觉特性的景观要求。

行为心理方面，人作为主体是道路景观的创造者与观赏者，作为客体又是景观构成要素，人的户外行为规律及心理需求是景观设计的根本依据。

视觉特性方面，道路景观作为视觉的艺术，人在道路上的活动，其视觉感受主要地建立在道路两侧建筑物之间的范围内，使用者的视觉特性

图7.21 上海南京路商业街，中心休息带选择较低矮植物，两侧选择较高大乔木，采用较大株距

图7.22 交通要道道路绿化的植物尺度、配置方式需要与驾驶者的观赏速度相符

图7.23 利用植物、照明、雕塑、建筑小品等景观元素为游人营造一个和谐舒适的整体环境

图7.24 植物、廊架、叠石在有限空间内，运用和谐统一的造型创造舒适空间

决定了道路绿地景观规划设计时的景观尺度、比例等问题，同时人们在道路空间中还有着不同的出行口的行为特点和活动规律，这些将对道路整体景观的设计产生一定的影响，所以在城市道路中，绿地、照明、设备、雕塑、建筑小品以及道路两侧的建筑就形成了道路的视觉景观（图7.23、图7.24）。设计的宗旨就是要使这种视觉景观与自然环境、人造环境相协调，以创造丰富多彩、舒适宜人的道路景观。

7.3.3 整体性的原则

城市道路绿地景观的整体性具有两层含义：一方面，从城市整体出发，城市道路景观应与城市的总体空间和景观结构以及城市总体道路交通组织、道路格局相协调，在规划设计之初，充分考虑城市道路线性与点状、面状绿地的连接性，即点、线、面结合，创造城市景观系统的网络化，从而塑造出城市的形象和个性。道路景观在设计中要变化中求统一，统一中有变化。比如在街道空间尺度上、两侧建筑体量组合上、色调上以及对当地历史文化的理解表达上求得统一，而在细部处理上、色彩上、道路景观各要素的形式上进行变化，既保证城市整体景观的统一，又使各个道路景观丰富多彩。另一方面，从道路本身出发，在规划路段的景观设计中还应注意体现道路景观的整体特征，注重景观从总体到细部的连续性，道路景观系统中的各构成元素要做到相互协调。城市道路景观设计的最终结果，就是要将道路景观整体中的各种要素进行分配协调，使各种要素所具有的功能得到充分利用，进入最佳状态。

城市道路静态景观构成要素可分为自然景观要素与人工景观要素两大类。自然景观要素大体可分为地形地势、水体、气象气候等，道路景观设计如果能充分结合这些自然资源，会使城市道路景观环境更为优美，使城市更为有特色；构成道路景观的人工景观要素主要包括道路路面、建筑与构筑物、绿化、道路交通设施、街道小品等。

在景观要素的构成设计上，点、线、面的交叉结合使用，“点”创造景观聚焦中心；“线”可以将这些间断的“点”连接起来，利用这种巧妙的连接与分割可以使绿带景观具有良好的连续性和识别性；而“面”的合理使用可以将“点”、“线”能够连接成一个景观整体，使道路绿带景观具有良好的整体性，从而使道路景观产生节奏与韵律、对比和变化等美学变化。

在设计风格方面，整条道路的景观宜有统一的风格，如过长，也可分为多个段落，道路两侧的绿化、建筑布局、建筑风格、色彩及道路环境设施等在保持整体统一的前提下，于形式上有所变化，形成一个具有连续性和流动性的道路景观整体（图7.25）。

7.3.4 个性化的原则

城市道路景观的设计应有突出的道路特征性，以免造成道路结构“千街一面”或方向性不明的情况，突出其鲜明的个性。城市道路景观设计的个性化原则包括以下两方面的内容：

第1，体现所在城市的个性化。信息化时代的到来，信息传递速度的与日剧增，缩短了城市之间的时空距离，全国各地一些城市和城镇正失去自身的个性。南北方城市一个样，大小城市一个样的问题，已日益严重。城市道路景观是一个城市最有力、最精彩的高度概括，可表现城市的气质和性格，体现出城市的面貌；它的个性直接关系到城市的个性。城市道路景观个性的体现来自于每个城市不同历史背景，不同的地形和气候，城市居民不同的生活观念和习惯，其景观设计就是要通过对具有共性的景观要素的设计与把握，把这些具有个性的文化含义体现出来。

第2，体现城市中不同道路的个性化。城市道路网由不同性质的城市道路组成，其交通功能要求、位置及宽度亦不同，它所形成的道路景观环境特点也应不一样。快速路、主干路是路网骨架，它的道路景观环境控制因素应突出在现代化交通条件下形成的连续、动态的视觉效果，如与地形条件与地区特点相协调，并在满足汽车行驶要求前提下设计自然流畅的线型及红线宽度、布置、交叉口的设置、形式等。

支路、街坊路属生活性道路，居民多采用步行和自行车交通方式，在道路景观设计时，动态视觉效果不起主导作用，例如，在商业步行街，采用街心广场、绿地花坛、水池喷泉、小品雕塑相结合，并设置供人们休憩用的椅凳等服务设施，可以缩短人们之间的距离，增添生活情趣以及对环境的舒适和亲切感（图7.26、图7.27）。

因此，不同的道路性质，不同的断面形式和线形特点，沿街建筑形式与立面在城市中各自不同的背景，不同的地形都可以赋予道路特征，只有具有特征的道路才能有区别于其他道路的性格和个性。

7.3.5 可持续发展的原则

可持续发展理论，主张不为局部的和短期的利益而付出整体的和长期的环境代价，坚持自然资源与生态环境、经济、社会的发展相统一。引申至城市道路景观设计领域，就是要运用规划设计的手段，保护和发展自然资源和人文资源，注重生态和城市文脉的延续性，为下一代提供可持续发展的条件。

一方面，要注重生态环境，自然资源的可持续发展。在道路建设过程中，原有自然生态受到破坏，景观退化，交通事故、噪声污染、大气污染等现象已日益严重。可持续发展原则，就是要使规划设计对环境的破坏性影响降低到最小，崇尚自然、追求自然，尽量加强自然景观要素的运用，还能够充分利用自然可再生能源，节约不可再生资源的消耗。在城市道路景观设计中要崇尚自然、追求自然、力求人与自然的高度融合，尽量恢复和创造城市中的生态环境。

另一方面，还要求城市文脉、人文资源的可持续发展。就地域文化意义而言，每个富于不同地域特点的城市都有其独特的历史发展轨道，有代表自身特质的文化内涵，形成了各自的城市文脉（图7.28）。这些风土民俗、文化传统的利用会赋予景

图7.25 杭州城市干道的景观设计，在高程、色彩、体量等各方面，既与周围环境相融合又做到了自身风格的变化与统一相结合

图7.26 杭州湖滨大道的叠石、流水景观

图7.27 欧洲街头富有古典气息的精致水景

25

26

27

图7.28　绍兴市步行街内的雕塑，展现了该地特有的风土民俗

图7.29　南京图书馆

图7.30　总统府

图7.31　梅园新村

观以独特、鲜明的特色。在道路景观设计中，以此种文化作为基础和参照是可贵的，但仅此还不够，还应该在城市绿地的规划与设计中，将那些淹没、融会在时下文化中的富含意义和意味的历史印迹和文化精神挖掘和突出出来，也就是要发展深层次的城市发展的文化脉络，既基于传统园林文化内涵之上，同时又要融会现代景观设计语言，创造出既有地域特点，又具时代风貌的新型城市景观，从而使得城市历史文脉在新时代焕发新的生机。

7.4　城市道路设计实例

7.4.1　南京长江路文化街景观

长江路是位于南京市主城区东西向的一条交通要道，全长约2km，宽43m。一个多世纪以来，长江路因中国近、现代史上许多重大事件而蜚声海内外。最著名的有1853年太平天国洪秀全定都南京在长江路设立天王府（天朝宫殿），1912年孙中山在南京长江路原两江总督署暖阁宣誓就任中华民国临时大总统，1946年周恩来率中共代表团在长江路梅园新村设立办事处进行和平停战谈判。

长江路历史积淀丰厚、文化氛围浓厚、旅游资源集中，沿线分布着十大历史文化建筑，可以从现代文化、民国文化过渡到古代文化。现代文化景点包括南京图书馆（图7.29）、金陵图书馆、南京文化艺术中心等；民国文化景点包括总统府（图7.30）、梅园新村（图7.31）、国立美术馆、国民大会堂（图7.32）等；古代文化景点包括毗卢寺、清朝两江总督署遗址等。此外，曹雪芹故居纪念馆、红楼梦文学纪念馆、江宁织造府等机构。

长江路文化休闲街的规划目标是依托南京长江路及周边以民国文化为特色的旅游资源，发掘和整合其文化资源从而引导由新街口而来的休闲购物旅游流，汇聚长江路文化旅游产业。其旅游资源沿长江路呈线状分布，可以概括为以民国遗存为主题的民国旅游文化、以云锦为代表的织造服饰旅游文化、以南京图书馆和金陵图书馆为代表的读书阅读旅游文化和以国立美术馆和现代美术馆构成的书画艺术旅游文化。

长江路文化街文化长廊景观带（图7.33）。

32

33

34

35

图7.32　国民大会堂

图7.33　文化长廊的设计格调素雅纯净，是有着高度文化品味的城建精品

图7.34　行人在文化长廊观赏现代风格的立体构成艺术作品

图7.35　具有历史文化特征的浮雕墙

图7.36　刻在月亮上的名人书法，经过艺术的包装，与文化墙相映成趣

图7.37　首开女禁雕塑，表现的是1920年南京高等师范学校在国内首开男女同校先河的历史

图7.38　其他景观小品

8 公园景观设计

公园是城市发展建设的组成部分，是城市文明和繁荣的象征，也是城市生态系统、城市景观的重要组成部分。它以丰富市民文化生活、创建城市景观、改善生态环境为目标，在园林绿地系统中起着重要作用。

8.1 公园设计概述

8.1.1 公园的定义

公园作为城市建设用地、城市绿化系统和城市市政公用设施的重要组成部分，是城市中向公众开放的、以游憩为主要功能，有一定的游憩设施和服务设施，同时兼有健全生态、美化城市、防灾减灾等综合绿化用地。

目前我国相关的国家标准和有关著作对公园的定义主要有：

国家标准《城市规划基本术语标准》(GB/T50280—1998)定义：“公园(Park)是城市中具有一定用地范围和良好的绿化及一定服务设施，供群众游憩的公共绿地。”

国家行业标准《公园设计规范》（CJJ48—1992）的定义：“公园是供公众游览、观光、休憩、开展科学文化及锻炼身体等活动，有较完善的设施和良好的绿化环境的公共绿地。”

国家行业标准《园林基本术语标准》(CJJ/T91—2002，J217—2002)定义：“公园是供公众游览、观赏、休憩、开展户外科普、文体及健身等活动，向全社会开放，有较完善的设施及良好生态环境的城市绿地。”

《中国大百科全书（建筑、园林、城市规划）》的定义：“公园 (Public Park) 是城市公共绿地的一种类型，由政府或公共团体建设经营，供公众游憩、观赏、娱乐等的园林。”

8.1.2 公园的分类

《城市绿地分类标准》将城市公园绿地按其功能和内容分为综合公园、社区公园、专类公园、带状公园和街旁绿地5个中类11个小类。小类基本上与国家现行标准《公园设计规范》（CJJ48—1992）的规定相对应。

(1) 综合公园

综合公园是指在市、区范围内的供城市居民进行良好的游览休息、文化娱乐的综合性功能的较大型绿地。

市级综合性公园　为全市居民服务，是全市公共绿地中，面积较大、活动内容和设施最完善的绿地。用地面积一般自10～100hm^2，或更大者，随全市居民总人数的多少而不同，在中小城市设1～2处。其服务半径约2～3km，步行约30～50min可达，乘坐公共交通工具约10～20min可达（图8.1）。

区级综合性公园　在较大的城市中，为一个行政区的居民服务。其用地属全市性公共绿地的一部分，区级公园的面积按该区居民的人数而定，园内亦应有较丰富的内容和设施。一般在城市各区分

图8.1　南京玄武湖公园

图8.2 北京国家体育场（鸟巢）旁的草坪灯

图8.3 公园中的阳光草坪

图8.4 欧洲某公园内的小广场与儿童游乐设施

别设置1～2处，其服务半径约1～1.5km，步行约15～20min可达，乘坐公共交通工具约10～15min可达，可供居民半天到一天的活动。

综合公园一般位于主干道附近，内容、设施较为完备，规模较大、质量较好。主要功能包括休息功能、儿童游戏功能、运动功能、教育功能以及其他服务功能，园内一般有动植物展览区、园务管理区等。各功能区域设置有相应的设施，如广场、座椅、草地、平台、散步道、喷水池、路灯（图8.2）等园林布置和休养设施；儿童游戏场等游戏设施；田径场、各种球场等运动设施；小型植物园、动物园、气象观察台等教育设施以及饮食店、停车场、厕所、电话等服务管理设施。综合公园也可以突出某一方面，以满足使用功能及不同特色的要求。

(2) 居住区公园

居住区公园是指为一定居住用地范围内的居民服务，具有一定活动内容和设施的集中绿地，通常有几个小区共享。包括为居住区配套建设的居住区公园和为居住小区配套建设的小区游园（图8.3），不包括居住组团绿地。居住区公园服务半径为0.5～1.0km，小区游园服务半径为0.3～0.5km。

(3) 专类公园

专类公园具有特定内容和形式，有一定游憩设施的绿地。主要类型有：

儿童公园 指独立的儿童公园，其服务对象主要是少年儿童及携带儿童的成年人，一般为5hm^{2}左右。园中一切娱乐设施（图8.4）、运动器械及建筑物等，首要是考虑安全，尺度合适，色彩明亮，造型活泼，栽种植物注意无毒无刺。其位置应接近居民区，并避免穿越交通频繁的干道。

动物园 是集中饲养和展览种类较多的野生动物及品种优良的家禽、家畜的城市公园。供休息游览、科学普及、文化教育、科学研究之用。大城市中常独立设置，中小城市大多附设在综合公园中。动物园根据展出种类的规模又分为：

全国性动物园：用地面积在60hm^{2}以上，展出品种近千个。如北京、广州、上海等动物园。

综合性动物园：用地面积20～60hm^2，展出种类500种左右。如哈尔滨、西安、成都、武汉动物园。

特色性动物园：用地面积5～20hm^2，展出以本地特产动物为主，也可按动物特征展出专类动物园。展出品种200～500种，如鱼类水族动物园、海洋生物动物园。

小型动物园：用地面积在15hm^{2}以下，展出品种200～300种。一般指中小城市在综合性公园内附设动物展览区，也称附属动物园或动物角。

植物园 是广泛搜集和栽培植物种类，并按生态要求种植的特殊城市绿地。其主要任务是搜集植物材料，引种驯化，定向培育，品种分类，环境保护等；另一个任务是向大众普及植物科学知识，作为城市绿地的示范基地，促进城市园林事业的发展，如南京中山植物园、上海植物园（图8.5）、

图8.5 上海植物园中错落有致的植物景观

北京植物园（图8.6）。植物园按其性质可分为综合性植物园和专业性植物园。

历史名园 是历史悠久，知名度高，体现传统造园艺术并作为文物保护单位的园林，或是以革命活动故址、历史名人旧址及墓地、烈士陵园等为中心的公园绿地，供人们瞻仰及游览休息的景园，如雨花台（图8.7）、南京中山陵（图8.8）；或是有悠久历史文化，较高艺术水平，有一定保存价值，在国内外有影响的古典庭园名胜，供游人游览休息。

风景名胜公园 位于城市建设用地范围内，以文物古迹、风景名胜点（区）为主形成的具有城市公园功能的绿地，如南京莫愁湖公园（图8.9）。

游乐公园 单独设置的具有大型游乐设施的绿地。其绿化占地比例应大于或等于65%。

其他专类公园 除以上各种专类公园外，具有特定主题内容的绿地。包括体育公园、盆景园（图8.10）、雕塑园（图8.11）和纪念性公园等，其绿化占地比例大于等于65%。

(4) 带状公园

带状公园是绿地系统颇具特色的构成部分，大多结合城市道路、城墙、水滨等建设，承担着城市生态廊道的职能。由于宽度受用地条件的限制，此类公园一般较狭长，以绿化为主，辅以简单的设施，但在其最窄处必须满足游人的通行、绿化种植带的延续以及小型休息设施布置的要求（图8.12，图8.13）。

(5) 街旁绿地

街旁绿地是指位于城市道路用地之外，相对独立成片的绿地，包括街道广场绿地、小型沿街绿化用地等（图8.14），要求绿化占地比例大于等于65%。

8.2 公园设计的历史沿革

8.2.1 国外公园的发展历史

西方公园的雏形可以追溯到公元前9～前5世纪，古希腊人在体育场周围建设了美丽的园地，并向公众开放。古罗马帝国的一些城市中的广场或墓园允许平民进入游憩，具有了早期公共园林的性质。

17世纪中叶，欧洲爆发的资产阶级革命胜利后，专属于皇室贵族的宫苑和私园向公众开放，称之为公共花园和公园。公园从此诞生。

1843年，在英国利物浦，第一个城市公园——伯肯海德公园（Birkinhead Park）正式诞生（图8.15），其建设的主要目的是改善日益恶劣的城市环境。

其后，公园的发展和体系的确立经过了一系列的发展过程，其中“城市公园运动”影响深远，始于美国的纽约中央公园（图8.16），设计师为美国

图8.6 北京植物园的入口景观

图8.7 南京雨花台烈士陵园

图8.8 南京中山陵石象路

图8.9 南京莫愁湖公园中莫愁女雕塑

图8.10 江阴兴国园公园内的盆景园

图8.11 青岛雕塑公园

图8.12　杭州道路旁带状公园的林荫小道

图8.13　某城市滨水带状公园

图8.14　江阴市某街旁绿地，在有限的范围内设计了精致的景观

图8.15　英国伯肯海德公园演讲角

图8.16　美国纽约中央公园

图8.17　澳洲国家公园

图8.18　南京瞻园

图8.19　北京颐和园

图8.20　上海杨浦公园

园林设计先驱奥姆斯特德（F.L.Olmsted）。纽约中央公园无需凭票进入，成为世界上第一个真正为大众服务的公园。

英美两国是西方国家中发展城市公园的先驱，20世纪他们在许多城市兴建公园、植物园、动物园、游乐园等公共园林，并且建立了更大规模的自然游憩地——国家公园（National Park）（图8.17）。

8.2.2　中国公园的发展历史

我国城市公园有以下几种类型：一是近代历史上租界开辟的公园；二是对外开放的私家园林（图8.18）和皇家园林（图8.19）；三是近代新建的城市公园（图8.20）；四是改革开放以后设立于城市新区或城郊景区内的新型公园（图8.21）。

(1) 近代公园的发展

我国公园的雏形是古代的“苑囿”，到唐、宋、明、清发展为皇家园林和私家园林，真正的“公园”一词的产生则是外来文化的“舶来品”。1868年在上海公共租界建造的“公花园”（现黄浦公园）就是最早的一个，其造园思想直接来源于欧洲的造园实践和理论，有大片的草地和占地极少的建筑。之后，殖民者又陆续在上海建了“虹口公园”“法国公园”“极斯非尔公园”等，其风格主要是英国风景式或法国规则式，对我国公园的发展建设有一定的影响。

辛亥革命后，许多经济文化发达的城市也都先后兴建了公园，如北平的中央公园、南京的玄武湖公园、广州的越秀公园、杭州的中山公园、

图8.21　杭州西溪国家湿地公园

汉口的市府公园等。由此可见，我国近代城市公园产生的前提是西方殖民者及其生活方式和文化的融合，但真正导致公园出现的是“天下为公、平等、博爱”等辛亥革命民主思想在城市建设中的反映。

1949年以前，我国的公园建设发展缓慢，规划设计基本停留在模仿阶段，但是初步具有了一些适于本国活动内容和中洋风格混杂的公园。

(2) 现代公园的发展

1949年新中国的成立，标志着中国社会经济发展从此进入了崭新的历史时期，也影响了城市公园发展的性质，可以说是城市公园史上近代和现代的一个分界线。

建国后的20多年，我国的公园建设经历了一个摸索阶段，并未有较好发展。直至20世纪70年代末80年代初，全国公园数量才有所增加，质量有所提高，在造园艺术上开始探索走民族化与现代化相结合的道路。

1979年改革开放以后，造园运动再度兴起，公园建设被真正重视。一些新的公园形式开始出现，公园类型也逐渐增多，既有综合公园，也有专类公园，如儿童公园、动物园、植物园等。以建国以来营建的大量新型公园为主，也包括历史上遗留下来的经过整理改造的近代园林或古典园林。在规划设计上不仅继承我国古典园林造景布局的传统，又吸收了国外造园的经验，采用自然式与规则式相结合的布局方式，既有山水、植物为主体的自然景观，又有各具特色的历史人文景观，并比较广泛地应用新材料、新结构和新的施工方法，创造了我国现代公园的新风格、新面貌。

90年代是我国公园建设大发展的时期，尤其是旅游业的发展直接促进了城市公园的建设和发展，使城市公园的数量激增。

由上可见，公园作为社会发展和历史现象的产物，集中反映了政治、经济、文化和城市环境变迁的轨迹以及人们需求的变化。

以综合性公园为例：

50年代处于文化休息公园阶段，学习和参考苏联文化休息公园的规划理论，功能上以文化休息为主，强调公园功能的综合性、群众性和公共性。

60年代处于农场生产化公园阶段，功能转为以农林生产为主，强调“园林结合生产”。

70年代末80年代初处于商业游乐化公园阶段，注重公园的游乐性，追求商业利益。

90年代则是处于休闲游憩化公园阶段，散步、运动、锻炼活动成为人们的社会需求。此阶段公园随着人们的需求多样化，功能也逐渐多样化，并通过开放公园逐步与城市融合。

近年来，国内规划界、建筑界、园林界开始共同对我国城市公园的设计和发展进行积极的探索。在理论上表现为对中国传统园林与西方现代园林思想进行比较研究，探索有中国特色的城市公园的设计方法，注重城市公园中环境与行为科学的研究等，陆续出现了一批具有现代景观意识和时代气息的城市公园。

8.3 公园设计的基本原理

8.3.1 公园规划设计原则

(1) 以人为本的原则

公园是营造人的场所，人是公园中的主体，强调游人的参与性。在公园的设计中充分认识人在公园中的主体地位（图8.22）。管理上作为开放空间，为集体性的都市社会提供娱乐和休闲，是面向大众群体的，任何人都可以自由进入。

(2) 整体性原则

整体性原则体现雅于建设公园的各部门或集团之间，又体现在整个公园的运作过程中，同时也体现在景观设计和建成的效果之中。

(3) 地方性原则

地方性原则应当贯穿在公园景观设计的始终，地方性不但包含自然地域性的因素，还包括地方的人文特征。地方性原则的具体内容主要有：

- 运用当地的地方性材料、能源和建造技术，特别是注重地方性植物的运用；
- 顺应并尊重地方的地理景观特征，如地形、地貌特征和气候特征等；
- 尊重地方特有的民俗、民情，并在景观设计中给予体现；
- 景观建筑、小品和构筑物的设计考虑到地方的审美习惯与使用习惯；
- 注重园区内古迹和纪念性景观的保护和再利用以及具有场所感的景观开发（图8.23）；
- 在尊重地方传统性，在传统的基础上发展的

图8.22　公园中的园路与修剪成型的植物模纹

图8.23　江阴中山公园设计注重了古迹的保护与再开发

图8.24　中山岐江公园，大量保留并再利用了场地中原有植被

图8.25　中山岐江公园，一些废弃的工业建筑材料被重新设计再利用，创造出新的景观效果

图8.26　杭州太子湾公园，山环水绕，景致超群

图8.27　上海长风公园

同时，又不受传统的制约，在发展过程中体现新时代的要求和特点。

(4) 生态可持续原则

讲求生态可持续的原则在城市公园景观设计中主要有以下几方面：

- 反映生物的区域性；
- 顺应基址的自然条件，合理利用土壤、植被和其他自然资源（图8.24）；
- 依靠可再生能源，充分利用日光、自然通风和降水，选用当地的材料，特别是注重乡土植物的运用；
- 注重材料的循环使用并利用废弃的材料，以减少对能源的消耗，减少维护的成本（图8.25）；
- 注重生态系统的保护、生物多样性的保护与建立；
- 发挥自然自身的能动性，建立和发展良性循环的生态系统；
- 体现自然元素和自然过程，减少人工的痕迹。人化自然是城市公园的景观特征，设计应当在结合自然生态的同时，表现出人的创造性。

8.3.2　公园规划布局原理

(1) 注重选址，因地制宜

大多数公园造景多以自然美为特征，故选址时宜选有山有水，低地畦地，植被良好，交通方便，利于管理之处（图8.26）。有些公园，选在城市中心，对于平衡城市生态环境有重要作用，宜完善充实；其次专类公园，如动物园、植物园有特殊要求，除满足以上条件外，还要注意卫生防疫，安全隔离，土壤性质等。另外，我国历史悠久，名胜古迹繁多，分布面广。公园与名胜古迹相结合，既保护了名胜古迹，也使公园增色不少，让人们在游憩中受到生动的历史教育。

公园规划布局应因地制宜，借助原有地形和植被优势，结合自然，塑造自然。如上海长风公园（图8.27）借鉴了北京颐和园园林风格和杭州、苏州的造景手法，总体布

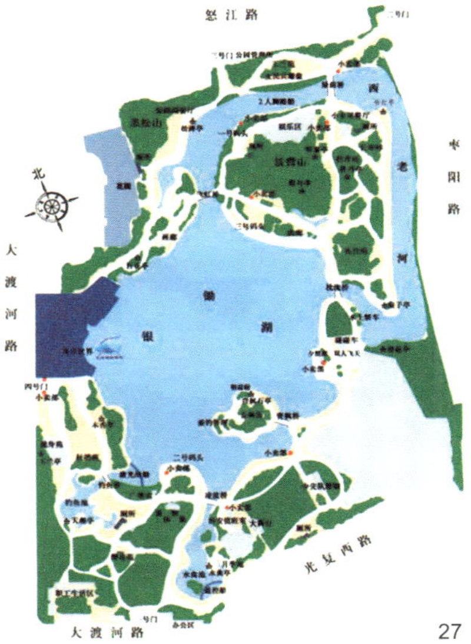

局模拟自然，园景以湖为主，山水结合，浩瀚的银锄湖面和26m高的铁臂山构成全园独特的景观。园中的青枫绿洲、夕阳晚照、岁寒三友、迎春池、睡莲池等20余处园林景点姿态万千。这些根据基地条件进行公园地形设计和造景，再现自然，胜似自然，兼顾功能景观的设计方法都是可取的。

此外，因地制宜还应根据公园用地规模及周围环境的不同，采取不同的规划布局方式。如大型公园可将全园规划为多个景区或“园中园”，如无锡锡惠公园中有寄畅园、杜鹃园、愚公谷、龙光洞、杜鹃园、动物园等，都是“园中园”；小型公园、小游园则可适当运用多方借景的手法以开拓空间的局限性，如杭州太子湾公园，南靠九曜，南屏二山，北有一长列高大葱郁的水杉密林如翠帷中垂，东邻净慈寺，西借南高峰烟霞翠岚入园，于有限区域内占尽众多景致，景色绮丽，成为杭州新婚夫妇摄制婚礼录像的场所，野趣与新潮，构成了一幅动人的西湖风情新图（图8.28）。

(2) 主题突出，特色鲜明

公园的规划布局应注意突出主题，使其特色分明。在调查园址的基础上，要明确规划指导思想，进行方案设计比较。

无锡梅园（图8.29），面积约33.4hm^2，植梅3500余株，品种有40多个，即是以万亩梅海著称的游览胜地，花开时千姿百态，叹为观止。规划结合江南小桥流水人家自然乡村特色，追求四季观赏，以梅饰山，倚山构筑，别具一格。亭台宝塔，错落有致，隐于梅林。山径在梅林中曲折横斜，沿山岗蜿蜒而上，构成一幅“以梅饰山山更翠，以山饰梅梅更艳”的江南梅林特有风光。

杭州花港观鱼，以“花”“港”“鱼”为主题，艺术布局充分利用了原有的自然地形条件，景区划分明确，各具鲜明的主题和特点。大草坪，雪松挺拔，宽阔开朗；红鱼池，凭栏投饵，鱼乐人欢；牡丹园，花木簇拥，处处有景；新花港，浓荫夹道，分外幽深。在空间构图上，以红鱼池作平面构图中心，牡丹园作为立面构图重点，开合收放，层次丰富，景观节奏清晰，跌宕有致，既曲折变化，又整体连贯，一气呵成（图8.30）。

公园主题的突出，特色的创造，必须要有相应的规划结构形式。我国继承自然式古典园林的优良传统，多数公园属自然式规划，另外还有少数的规则式，也有很多公园根据园址条件和功能要求采取混合式布局。

(3) 合理分区

所谓分区就是将整个公园分成若干区域，而后分区进行详细规划。可依据景色分区或依据功能分区。

景色分区是将园地中自然景色或人文景观突出的某些区域划分出来，并拟定主题进行统一规划，是我国古典园林特有的规划方法，在现代公园规划中也经常采用。公园以景取胜，由景点和景区构

图8.28　杭州太子湾公园

图8.29　无锡梅园

图8.30　杭州花港观鱼公园

28

29

30

图8.31　成都浣花溪公园

成。景色杂乱无章或荒芜零散，则不能称为环境优美的游憩空间。因此，景观特色和组景是公园规划布局之本，即所谓“园以景胜”。就公园规划设计而言，组景应注重意境的创造，以自然美为主，辅以人工美，充分利用山石、水体、植物、动物、天象之美，塑造自然景色，并把人工设施和雕琢痕迹溶于自然景色之中。

如成都浣花溪公园以自然景色分区，共设万树园、梅园、白鹭园三个景区。万树山、沧浪湖、阳光草坪、白鹭洲、川西文化观演广场等景区星罗棋布于三园之中，浣花溪和干河两条河流穿园而过。园内山水交融，花草树木绿荫蔽日，以杜甫草堂的历史文化内涵为背景，以自然雅致的景观和建筑凸显川西文化醇厚的历史底蕴，是一座将自然景观和城市景观、古典园林和现代建筑艺术有机结合的城市公园（图8.31）。

功能分区是20世纪50年代在苏联的影响下，结合我国的具体实际而逐步形成的一种规划理论。公园按活动内容来进行分区规划的，通常分为儿童活动区、安静休息区、公共设施区、体育活动设施区、文化教育设施区、经营管理设施区，强调游憩活动与宣传教育的完美结合。

不同类型的公园有不同的功能和不同的内容，所以分区也随之不同。作为城市公园主体的综合公园，应根据多种游憩活动的要求，分为安静休息、文化娱乐、科普教育、儿童活动等区和具有相应的设施。滨水绿带、街道绿地、居住区级公园等，功能较单一，分区不明显。一般地说，专类公园的功能分区的特性和地方性较强，综合公园则大同小异。

两种分区方式各有所长，前者侧重于艺术性，后者侧重于实用性。同一功能分区中，规划多个小景区，使游人“步移景异”，左右逢源，既有统一基调的景色，又有各具特色的景观，使动观静观均相适宜，力求达到功能与艺术两方面的有机统一。

如无锡锡惠公园的安静休息区，内分为三个小景区，即观赏锡惠两山倒影的映山湖水景区，游赏我

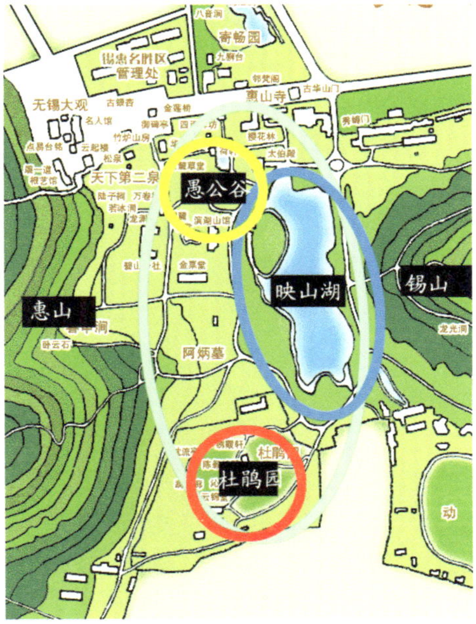

图8.32　无锡锡惠公园的安静休息区的景观分区

国传统庭园建筑艺术的愚公谷景区和以观赏杜鹃、兰花为主的杜鹃园（图8.32）。因此，一个好的公园规划应当力求达到功能与艺术两方面的有机统一。

8.3.3 综合公园规划

综合公园作为城市公园绿地的“核心”，是全市居民共享的“绿色空间”，有大片的绿地，设置各种游憩活动的设施。此外，综合公园对城市面貌、环境保护、居民的文化生活都起着重要的作用。

综合公园的规划设计应注意与周围环境配合，密切联系周围的建筑群、道路网、绿地等，自然地融合在城市之中，成为城市园林绿地系统的有机组成部分。可利用地形、水体、绿篱、建筑等将公园与外界进行隔离，避免以高围墙把公园完全封闭起来的做法。

(1) 综合公园布局

规则式布局　全园的整体构图强调轴线对称，多用几何形体，较整齐、庄严、雄伟。

自然式布局　完全结合自然地形、建筑、树木的现状、环境条件和美观与功能的需要灵活布置。可有主题与重点，无一定的几何图形。

混合式布局　根据公园不同地段的情况，分别采用规则式或自然式布局形式，以取得不同的景园效果。

(2) 分区

综合公园为满足各类游人的不同爱好，常常采用多种方式进行游乐和文化教育活动。由于公园中安排的内容较多，且不同的活动对于用地条件、周围环境和服务设施均有不同的要求，为了给各种活动创造较好的条件，就要求对公园用地按不同的活动内容进行分区规划。

公园分区各国的情况不一致，出发点亦不相同，有的按游人的年龄分区，有的按不同的植物内容分区，有的按功能分区。从公园设置的目的考虑，通常多以功能分区为主，结合游人的年龄及公园的植物景观进行分区规划。

文化娱乐区　此区主要通过游玩的方式进行文化教育和娱乐活动，因此，可设置展览馆、展览画廊、露天剧场等。由于园内的一些主要建筑设置在这里，常位于公园的中部，且是人流较为集中的地方，设计时应避免区内各项活动的相互干扰，可利用树木、山石、土丘等加以隔离。群众性的娱乐项目常常人流量较大，而且集散的时间集中，所以要妥善地组织交通，需要接近公园出入口或与出入口有方便的联系，以避免不必要的园内拥挤，用地应达到30m^2/人。区内游人密度大，要考虑设置足够的道路广场和生活服务设施。文化娱乐设施应有良好的绿化条件，与自然景观融为一体，尽可能利用地形特点，创造出景观优美、环境舒适、投资少、效果好的景区景点。

安静休息区　供人在此安静休息、散步、练功和欣赏风景。安静休息区内每个游人所占的用地定额最大，希望能达到100m^2/人，故在公园中安静休息区占地面积最大，是公园的重要部分。安静活动的设施应与喧嚣的活动隔离，以防止活动时受声响的干扰，又因这里无大量的集中人流，可距离主要的出入口远些，区域可根据地形分散设置，选择有大片的风景林地、较为复杂的地形和丰富的自然景观（山、谷、河、湖、泉等）。区内景园建筑和小品的布局宜分散，密度要合理，体量不易过大，应亲切宜人，色彩宜淡雅不宜华丽。

儿童活动区　公园中专供儿童游戏娱乐的区域，相对独立，不可与成人活动区混在一起，位置应尽量远离城市干道，避免汽车尾气和噪声的污染。区内建筑、设施的造型和色彩应符合儿童的心理，色彩艳丽，形象逼真；区内应以广场、草坪、缓坡为主，不宜有容易产生危险的假山、铁丝网等伤害性景观。

此外，还有体育活动区、水上活动区、老人活动区、小动物园、小植物园、专类花园等。当然作为综合性公园不可能应有尽有，可以有选择地按照客观需要加以安排。

8.3.4 动物园规划

目前国内动物园依其规模（主要指饲养动物品种数）可分为全国性动物园、地区性动物园、特色性动物园、大型野生动物园和小型动物展区（动物角）5种。

(1) 自然式布局

利用动物园用地范围内的地形地势，模仿动物各种生存的自然环境，在其中布置各类动物的笼舍，是较为理想的方式。如杭州动物园利用地形地势布置动物笼舍，创造出模拟各种自然景观的意境。

(2) 建筑式布局

在用地范围内，用一系列的笼舍建筑组成动物展览区，自然绿化面积少。这种布局形势一般在小城市、动物品种数量不多情况下采用。

(3) 混合式布局

根据动物园不同地段的情况，分别采用自然式或建筑式布局形式。如北京动物园。

8.3.5 儿童公园规划

儿童公园大致可分为综合性儿童公园、特色性儿童公园和小型儿童乐园。

儿童公园规划布置要点：

- 面积不宜过大。
- 按照不同年龄儿童使用比例划分用地。
- 为创造良好的自然环境，绿化用地面积应占50%左右，绿化覆盖率宜占全园的70%以上。
- 道路网宜简单明确，便于儿童辨别方向，寻找活动场所。
- 幼儿活动区最好靠近大门出入口以便幼儿行走和童车的推行。
- 儿童公园中的建筑和小品应形象生动，并可运用易为儿童接受的民间传说故事和童话寓言故事为主题。
- 儿童性嬉水，戏水池、小游泳池及观赏水景可给儿童公园带来极其生动的景象和活动内容。同时，也要考虑全园的排水，特别是活动场地的排水，以提高场地的使用率。
- 儿童玩具和游戏器械是儿童公园活动的主要内容，必须按一定的分区组合布置好。
- 各活动场地中应设置必要的坐椅和休息亭廊等，供带孩子来园游玩的老人和成年人使用。
- 应根据儿童的人体尺度设置卫生设施，如供儿童使用的厕所、洗手池等，其尺度应符合儿童的身高要求。

8.3.6 体育公园规划

体育公园指以体育运动为主题的公园，它是城市居民锻炼身体和进行各种体育比赛的运动场所，属社会体育设施与城市公园两者的融合。体育公园用地比较大，一般不小于10hm^2，建设投资大、管理养护费工。

体育公园规划的要点：

- 注意四季景观，特别是人们使用室外活动场地较长的季节。
- 树种体量的选择应同运动场地的尺度相协调。
- 植物的种植应注意人们夏季对遮阴、冬季对阳光的需要。在人们需要阳光的季节，人们的活动区域内不应有常绿树的荫影。
- 树种选择应以本地观赏效果较好的乡土树种为主，便于管理。
- 树种应少污染，如落果和飞絮，落叶整齐，易于清扫。
- 露天比赛场地的观众视线范围内不应布置阻碍视线的植物，如观众席铺栽草坪应选用耐践踏的品种。

8.4 公园设计实例

8.4.1 上海世纪公园

上海世纪公园（图8.33、图8.34）位于上海市浦东新区花木行政文化中心，是上海内环线中心区域内最大的富有自然特征的生态型城市公园。

公园以大面积的草坪、森林、湖泊为主体，体现了东西方园林艺术和人与自然的融合，设置了乡土田园区、湖滨区、疏林草坪区、鸟类保护区、异国园区和小型高尔夫球场景区，以及露天音乐剧场、会晤广场、儿童游乐场、垂钓等活动场所，建有高柱喷泉、音乐旱喷泉、四季园、世纪花钟、大型浮雕、林间溪流、卵石沙滩、银杏大道、缘池等园林景观。园内阡陌纵横，丘陵起伏，乔木常绿，湖水清澈，林间小溪蜿蜒流过，人行其中，心情异常平和宁静，是休闲度假、商务交流的绝佳去处，享有“假日之园”美称。

(1) 乡土田园区

盆景园　共有160多株盆景，品种繁多。

缘池　2800m^2，由涌泉、木质码头、小溪、白色沙滩和湖泊组成，与周边高大的棕榈树组成颇有海南景致的风光。

33

34

图8.33　上海世纪公园平面图

图8.34　上海世纪公园局部景观实景（1）

图8.34　上海世纪公园局部景观实景（2）

(2) 湖滨区

世纪花钟　世纪公园标志性景点，它背靠镜天湖，面向世纪大道。圆形的花坛直径达12m，以绿色的瓜子黄杨为刻度，以花卉作点缀，整个花钟绚丽多彩。

镜天湖　面积为12.5hm^2，由人工挖掘而成，最深处达5m，目前是上海地区面积最大的人工湖泊。

露天剧场　倚坡而建的露天剧场位于世纪公园西侧，占地面积8000m^2，前区观众席有2500个座位，全开放条件下可接待游客4000人次。

音乐喷泉　位于观景区，该喷泉集声、光、动、形、韵为一体，具有极强的观赏性、多视角的艺术性和游客的参与性。

云帆桥　造型采用悬索结构形式，跨度达43m，是上海地区公园中最大的步行桥，桥体造型优美，倒映水中的桥影恰似一叶云帆，与云影浑然一体，成为世纪公园最美丽的景色之一。

绿色世界浮雕墙　由花岗石制成，全长80m，总面积178m^2，作品展现了亚洲太平洋地区的29种动物和植物。

观景平台　位于镜天湖北侧，上下呈四层阶梯状，错落有致。

(3) 疏林草坪区

四季园　共有春、夏、秋、冬四园，各逞四时之丽。

卵石沙滩　长约500m，沙滩蜿蜒曲折，滩上大小卵石错落有致。

群龙追月　也称大喷泉，长38m，宽14m，有327个大小喷头和300多个射灯排列组合成1个小环和4个大环。4个大环中分别喷出一根高水柱，其中一根名为“冲天柱”，最高可达80m，夜幕降临，在射灯的映照下，光柱与水柱交融，仿佛游龙翩翩起舞，共能演绎出108种美丽、生动的图案。

宛溪戏水　溪流长逾500m，溪流从南山顶端涌泉而出，顺坡而下，或宽或窄，流水时缓时急，蜿蜒曲折。两旁植被茂盛，色彩缤纷，景色秀美。

(4) 南山草坪

会展厅　位于世纪公园中心位置，色彩素雅、靠水而筑。建筑面积1650m^2，具有展示、接待、会晤等多种功能。

(5) 鸟类保护区

竹林　种植有毛竹、哺鸡竹、慈孝竹、凤尾竹等品种，共计20000余株，面积10000m²，轻风吹拂，竹影婆娑，婀娜多姿。

鸟岛　位于世纪公园中央，占地面积2hm²，整个岛屿四面环水，水体与镜天湖相通。岛上种植有香樟、女贞、意杨、红叶、桃树、梅花、金合欢、桂花等乔灌木 50 余种。稳定的植物群落，良好的生态环境，是本地和过往的几十种鸟类的乐园。

银杏古树　矗立在三岔路口的参天大树，已有百年树龄。

蒙特利尔园　由岛屿、湖泊、大展厅、多媒体影视厅、咖啡吧等组成，园内主要展示加拿大高科技多媒体技术。该园的总体设计思想体现了两地人民珍视人、自然与科技和谐的主题。

(6) 异国园区

“奥尔梅加头像8号”的复制品　系墨西哥维拉克鲁斯州政府赠予上海市政府的礼物，是两地人民友谊的象征。

绿色迷宫　以绿色植物“珊瑚”围合而成。外围高3m，中间高2m，占地面积120`0m²，是目前上海市区内最大的绿色游戏迷宫。

(7) 小型高尔夫球场

占地面积35000m²。

8.4.2　南京玄武湖公园

玄武湖公园（图8.35、图8.36）为古都南京国家级钟山风景区的重要组成部分，总面积472hm²，其中湖面积368hm²，陆地面积104hm²。湖中分布着各具特色的5块绿洲，即环洲、樱洲、梁洲、菱洲、翠洲。五洲之间，桥堤相通，另有景观带环路而建，山水城林相融，景致别具。

(1) 环洲

因洲形屈曲、环抱樱洲而得名，素有“环洲烟柳”之称。洲上古迹众多，童子拜观音石和郭璞亭最为著名。童子拜观音石均为珍贵的太湖奇石，系北宋花石纲遗物。郭璞墩为东晋著名文学家、科学家郭璞的衣冠冢；另一现代景观为莲花广场，面积约5000m²，可容纳观众3000多人，广场以荷叶、荷花造型为构图，12m高的莲花仙子雕塑及4个憨态可掬的莲花童子是广场的主题标志，广场集音乐喷泉、激光、水幕电影等设施为一体，为国内规模最大、品种较全的大型表演区。

(2) 樱洲

因昔日樱桃遍布洲上，曾为宫廷贡品，故而得名。洲上遍植樱花，还有白玉兰、紫玉兰、笑靥、杏花、金钟、垂丝海棠、茶花等10余种花卉，每到春季，万紫千红，花繁叶茂，形成“樱洲花海”的盛景。樱洲著名的景点有樱洲长廊、荷花园及代表中外友谊长青的樱洲友谊树林。

(3) 梁洲

因传说梁昭明太子曾在此建有“梁园”，故称梁洲。每年一度的菊展均在此举行，故有“梁洲秋菊”的美誉，湖神庙、览胜楼、友谊厅、明代黄册库遗址文化展馆等古迹新景汇集于此。

(4) 菱洲

因这里过去多产菱角，故名菱洲，自古有“菱洲山岚”之美名。洲上的飞禽世界堪称“中华鸟类第一园”，“二龙戏珠”系菱洲主景，建于1983年，占地400m²，总体长度26.9m，高5m，总重量达30t，由12万株五色草等植物材料装饰而成。

(5) 翠洲

因洲上修竹亭亭、雪松如盖、翠色浮空，故名翠洲。翠洲风光幽静，苍松、翠柏、嫩柳、淡竹，构成了“翠洲云树”的特色，是生态休闲的好去处。现代新建的景观还有翠洲舞台、华梓园，它们是2001年第六届世界华商大会在南京召开时，以世界华侨、华人、华商的故乡情结为主题而建造的专类园。

(6) 环湖路景观带

全长9.5km，总面积55.1万m²，其中绿地面积48.2万m²。有玄武晨曦、武庙古闸、明城探幽、十里长堤、水上乐园、观赏园艺、杉林氧吧等景点。

8.4.3　闵行体育公园

闵行体育公园（图8.37）是上海市首座以体育命名的公园，总面积约84hm²，总投资5.7亿元，设计突出体育特色，将运动、休闲融于独特的环境景观之中。设有体育场馆区、热带风暴水上乐园、青少年活动中心以及湿地生态区、卵石溪流区、翡翠山林区等10个景区。

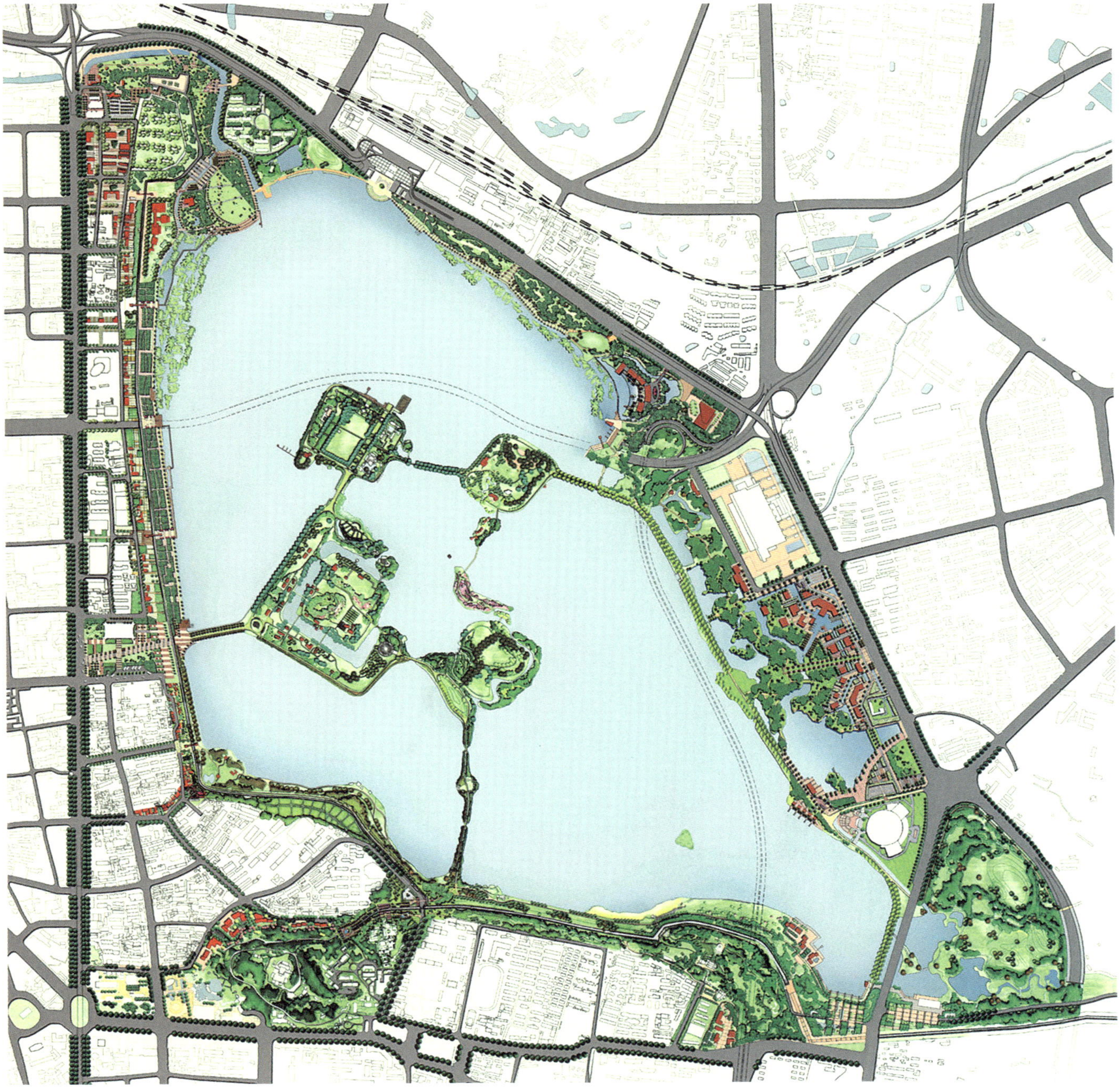

图8.35　南京玄武湖景观改造方案，易道景观规划设计

图8.36　玄武湖公园

图8.37　闵行体育公园

9 商业步行街区景观设计

9.1 商业步行街区发展概述

在城市建设与发展过程中，商业步行街构筑了城市商业的中心，形成城市社会生活不可缺少的、集中消费的区域。它是聚集衣、食、住、行、玩等多功能的商业服务区域。同时商业街区由于店铺众多，带来了人流密度、交通流量的增大。因此，城市商业地区的交通组织，便成为一个影响区域经济发展状况的重要问题。最为常用的解决方式就是分片区营建商业步行街。可以说现代步行街的发展经历了“仅仅吸引顾客—对步行者的关怀—成为社会活动中心”3个发展阶段，它使人们的行为方式更加丰富，在轻松的环境气氛中享受人与人交往之间的乐趣；加强了人们的地域认同性，成为城市的社会活动中心。商业步行街作为城市的名片，它不仅是步行活动和商业活动的统一体，也是人们交流、休闲和娱乐的中心场所，更是展现城市景观、商业文化，表达城市精神、社会文化的重要窗口。它的规划和建设已成为完善城市职能，塑造城市形象的重要手段（图9.1）。

9.1.1 商业步行街区景观设计的内容

商业步行街区景观设计是指对街道、建筑立面、各种商业店面、摊位、绿化植物、灯箱招牌、公共设施、公共艺术品、水景等视觉景象进行形式处理和功能优化，使之形成具有良好观赏效果与多种功能作用的街区风景。它包括街道地面铺装、建筑立面形态与色彩、各种商业店面形象、固定或移动的摊点形式、绿化方式和植物选种、广告路牌的控制要求、各种公共设施的形象设计、公共艺术品设计、水体景观设计以及市政要求与景观环境相配套的管网设计等要素组成。同时商业步行街的兴建必须根据建设环境内的区域经济条件，交通条件、消费状况、人居数量、人文背景、传统习俗、文脉遗址等基本因素，来决定其建设的规模和街区的形式风格。

9.1.2 商业步行街区景观设计的分类

商业步行街的类别、规模、形式各有不同，这取决于不同规模城市的各种不同条件与需求因素。从街区格局的类别而言有开敞式、封闭式和半街式；从规模分类，有单街型和多街型组成的街区型；从城市地理状况分类，有平地街区、坡地街区、夹河街区、滨江街区、环湖街区等；从街区形式风貌上分类，有传统历史街区、现代商业街区、民俗风情街区、主题观光休闲街区等。这些不同的商业步行街区由于其规模、内容、功能、形式以及针对的消费群体各不相同，因此街区景观环境设计所侧重的方向也各不相同，从而形成各具特色的街区景观。

(1) 从街区格局上分类

开敞式（图9.2） 是指主街步行道上交通路口节点较多，各路口连接其他道路，只在进入步行道口处设置活动挡车设施。这类街区人流出入相对分散，进出便捷，不易造成拥堵，是许多城市街区改造所采用的方法。

封闭式（图9.3） 是指步道两旁由建筑和商铺封闭形成，人流、货流出入口较少，通常在街道的前后两端，高峰时易出现行进不畅，造成拥堵。但商业环境相对集中，聚旺盛的人气利于经营，易

图9.1　上海城隍庙

图9.2　上海南京路商业街

图9.3　南京狮子桥餐饮一条街

于管理，街区景观形式便于统一。这类商业步行街，往往是在传统街区的基础上进行维修、改造、扩建而形成，街区整体风貌和格局仍延续历史痕迹，使之成为彰显城市历史文脉的风景。

半街式（图9.4） 是指街区在特殊的地貌环境下，形成的一路一边房的格局，这类街区通常形成于滨江或滨湖的场地环境中，伴水而居，逐水而行，既有开阔的视野、优美的环境，又有较为宽裕的岸畔空地，并可利用水路条件解决部分货物运输和休闲游玩的作用。半街式街区是中国南方城市中常见的一种传统街区形式，也是由水运集散码头逐渐演变成繁华的传统商业街区的典型形式。

(2) 从街区规模上分类

单街型（图9.5） 由街区单街道路形成，受地域经济条件和地形条件制约。传统的商业场镇通常是单街形式，它具有购物、观光流向单纯，不受其他环境影响，聚集经营氛围等优势，是商业步行街最为常用的一种形式。

多街型（图9.6） 一般在经济发达的地区或大型城市集中的商业区内产生，它是由多条不同经营业态的商街组成的繁华区域。具有经营内容丰富、街道之间交通便达、区域面积较大、市政建设完善、人流量大等特征。通常各个街道的终点流向是环境中最重要的街区广场，广场成为整个街区的人流集散地和交通枢纽，由于业态内容丰富，街区景观形式也呈多样化，是城市中活动人口密度最大，最聚人气的地方。

(3) 从城市地理状况上分类

平地街区（图9.7） 是平原城市典型的街区形式。它具有交通便捷、路口节点较多、流向畅达、不受特殊地形限制的优势，是常见的步行街区的格局，有开敞式街区共同的特征。

坡地街区（图9.8） 因地形而形成。是指山地城市典型的街区形式，由于地形的局限，街区道路起伏蜿蜒变化有趣，路旁建筑因山势变化而变化，具有封闭式和半街式街区形式的特征。

滨江与环湖街区（图9.9） 是指步道与商铺沿江或沿湖而建，在使用功能上与夹河街区有相同的作用，但在街区格局上有所不同。由于江面与湖面较宽，两岸距离较远，不易形成统一街区，通常是半街型街区格局。滨江与环湖街区的街道受地形环境的影响而形成蜿蜒起伏的变化，并在缓坡地段可建宽敞的活动空地，具有良好的功能作用和景观价值。

图9.4 半街式街区

图9.5 小区内单街型商业街

图9.6 哈尔滨多街型中央大街

图9.7 苏州观前街

图9.8 丽江商业街

图9.9 杭州湖滨商业街

夹河街区（图9.10） 是一种特殊的街区形式，指街道与建筑是沿河道两岸修建，河上由小桥连接两岸街道相互沟通，河道既是交通运输的要道，又是特殊的街区景观。在中国长江中下游地区，由于水资源丰富，河道密布，有许多城市的商业街区都是沿河而建，极大地便捷了当地的商贸活动，因受河道分布的限制，这类街区通常是单街型，是水路和陆路两用的街区形式。

(4) 从街区形式风貌上分类

传统历史街区（图9.11） 是历史古城多年传承下来的街区形态，商街历经数代的繁荣，在城市中有着久远的历史影响和文脉传承，是一个城市的人文象征与形象代表，是现代城市发展的宝贵遗产。现在许多城市的商业步行街仍然承袭传统历史街区的遗址，经维修和改造形成适合现代城市生活与商业经营需要的街区形式，这类街区不仅有深厚的人文积淀和浓郁的商业氛围，同时具有丰富的景观作用。

现代商业街区（图9.12） 是城市不断发展的产物，城市的规模不断增大。传统的商街已不能满足快速发展的经济与城市人口膨胀的需要，旧的郊区不断地成为城市的一部分，当新城人口增长到一定规模的时候，新的商业街区就会随之而产生，它往往是与新城区的规划同时进行。现代商业步行街区通常是新建的，它具有便捷宽阔的街道、大规模的商场、繁多的店铺、高大的建筑，符合城市社区生活多方面要求的完善的配套设施等特征。现代商业步行街区的建设是根据城市或社区规模与经济条件而定，有单街与多街等类型。

民俗风情街区（图9.13） 是不同地区，不同民族、不同习俗的城市在建设商业步行街区中，为突出当地或异地民间、民俗、民族的特征与特有的人文风貌，吸引观光游客，促进商业繁荣所采用的建设形式。它具有浓郁的地域特征，是现代旅游城市和旅游景区必建的商业步行街区。

主题观光休闲街区（图9.14） 是现代城市生活中十分重要的环境，它通常以吸引人们的特色经营为主题，并以特别的街区景观形式与商业内容吸引众多消费者，如北京“后海酒吧一条街”，重庆的“八一路好吃街”等。主题观光休闲街区的建设常与大众消费、文化和社会时尚结合。

9.2 商业步行街区景观设计的内容与方法

在城市建设和经济发展的过程中，商业步行街区的视觉形式成为促进地区商业繁荣的重要因素。因此，商街中的各种视觉形象都需要经过合理的规划与设计，形成商业街区景观总体形式的组成部分，使之既符合步行商街的功能要求又能满足大众视觉审美需要。商业步行街区景观设计主要包括4个部分：街区整体景观规划设计；街区平面景观设计；街区景观艺术品与造景设计；街区公共设施的

图9.10 苏州同里夹河街区

图9.11 北京王府井商业街

图9.12 青岛台东商业步行街

图9.13 民俗风情街区

图9.14 重庆八一路好吃街

形式设计。

9.2.1 街区整体景观规划设计

整体景观规划设计是产生商业街区景观整体形式的主要思路，它必须根据街区环境规模、街道的长度、商业特征、容量、地形情况、建筑特征、人流与物流的流量、与周边街区的交通控制关系，以及出入口处的停车场地等重要因素进行综合考虑。商业步行街不宜过大和过宽，从人的活动习惯上分析，大量的商业人流往往只集中在步行适宜的路段或主要商业区域，其余部分则被冷落。建立商业步行街的资金投入较大，在我国近年来的城市建设中已不乏有超过1～2km的步行街区，投入有超过1亿甚至数亿元人民币的，但其结果却不理想，造成极大的浪费。因此，合理的建设与控制是形成繁荣和美观步行街区的有效方法。例如，日本的商业步行街长度控制在平均540m，美国670m，欧洲稍长为820m。步行街整体景观规划设计一般在3种情况下进行：新建街区、城市街区改造、传统历史街区改造。

(1) 新建街区（图9.15）

新建街区是指在新城区建设规划中既定建设的新商业步行街区，此类街区一般在大规模的城市扩建中形成。新建商业步行街整体景观设计往往在新城区修建性详规完成后，就着手开始，它将结合建设规模、道路、建筑、管网设施、场地情况等基础建设内容与要求同步进行，使环境、道路、建筑、配套设施等重要的街区要素与景观物象形成完整、统一、和谐的视觉形式，并对步行街区的功能、形式、规模、街道长度、建筑高度、场地关系、视觉关系、流向关系等进行有效的控制。

新建商业步行街的宽度一般控制在12～20m，长度为300～600m最适宜，人持物步行200～350m便有疲惫感，即使在遮蔽雨雪、阳光的环境中，步行街的长度也不宜超过750m，过长的步行街容易造成购物者的疲劳；过宽的街面又使购物者疲于两边奔走，难于比较选择；新建街道两旁的建筑一般在两层以下为宜；主要商业区域的建筑可到3～4层。一方面是方便游人购物，另一方面是营造良好的街区环境与人的尺度和视觉关系，避免高大建筑所形成的视觉压迫感。只有将商业步行街区的各种功能与景观形式完美地结合，才能有效地满足社会生活的需要，带动城市区域经济发展。

(2) 城市街区改造

城市街区改造是因城市的发展需要，将旧城街区改造为商业步行街区，整体景观规划设计应根据已形成的现状条件和改造要求进行改良设计，对道路、建筑、公共设施、管网设施、场地情况等现状进行系统的分析、梳理，找出存在的优势与不足，形成整体景观规划设计思路，制定优先设计计划，开展整体景观设计方案工作。

工作内容应主要针对路面人流交通组织，对先天条件不足的建筑进行拆除、重建、改建、整理空地、设置步行街区配套公共设施，添置绿化与公共艺术景观，对建筑立面和各种商业店面以及路牌、灯箱、广告视觉景物制订控制性要求，根据环境场地条件划分发布区域和立面位置。对移动式摊位、露天经营场所拟订统一的形式要求，并划分路段限制经营区域。对于店面、橱窗等经营展示立面，应提出对内容和形象的规范性控制要求，避免乱搭、乱建造成视觉环境污染和安全隐患。

(3) 传统历史街区改造（图9.16）

传统历史街区改造是在近年来城市化进程中所

图9.15　成都一品天下美食街

图9.16　南京1912酒吧一条街

15

16

呈现的对传统街区进行保护性利用的改良做法，历史街区在城市不断的发展建设中已几近消失，使得具有悠久历史的城市丧失了地域文化的独特性和文脉的传承，这是一个城市最大的遗憾。为有效地保护传统历史街区，并使之有益于今天的社会发展，进行适合城市特殊的商贸、旅游、餐饮等业态经营的商业步行街区建设。此类街区的开发，在国内的许多城市中都收到了良好的社会效益和经济效益，为活跃区域经济，促进城市旅游发展，加强城市人文建设起到了积极的作用。

作为传统历史街区的整体景观规划设计，应从街区遗存现状和传统文化形式的调研入手，收集街区相关的地域文脉资料，分析、筛选现状中的先天优势与不足，对街道、建筑、场地、碑阙、牌坊等物象进行详细的调查、勘测，拟订出保护、维护、整修、扩建、拆除目录和计划，并结合业态控制经营内容和街区风貌，形成整体设计思想，以指导下一步深入设计。由于传统历史街区的格局，已成为主要利用的价值景观，因此，改造设计不宜对街区原貌进行大规模改建，同时对环境内有重要文物价值的构筑物应加以重点保护、修缮。在道路、建筑、公共设施、管网设施、店面、摊位以及景观营建方面应制订保护性、控制性建设条例和建设形式要求，景观设计形式应以街区风格为主调，可分路段制定店面、橱窗、广告的形式要求，避免破坏性建设，扰乱整体街区的景观风貌。

9.2.2 街区平面景观设计

步行街区道路平面及场地平面景观是街区环境中的重要组成部分，它包括道路、空地广场、路沿、排水口、供水口、盲道等平面物象的铺砌与设置。而形成铺砌与设置形式的要求，包括材料规格、质地、色彩、工艺方式、形态和铺砌模数等方面，以形成良好的地面视觉形式，舒适的步行感觉与安全行走保障。地平面的景观设计不仅仅是解决环境的审美问题，同时需要解决关于步行行为和交通关系等诸多相关问题，一般城市步行街在地平面的设计上应注重以下几方面。

(1) 道路与场地的竖向关系

根据街区环境地形变化所形成的竖向关系，地面铺装应考虑材料规格、表面肌理、防滑性与耐久性，了解场地积水情况，考虑材料的渗水性、耐腐性、铺装方式、给排水口或排水沟的设置，坡度较大的地段应采取相应的防滑措施，避免道路和场地积水，造成游人行进障碍和步行安全。

(2) 地铺模数与表面处理（图9.17）

铺装模数是指在铺地时采用相同或不同规格的材料拼合成的地面肌理、色彩和图案。在场地地面铺装时，往往为追求地面的视觉效果而忽略使用过程中的问题，容易出现砖石铺砌高低不平、留缝过大、使用材料表面过于光洁等问题。一般对地面平整铺装情况下，砖石之间高低相差不得大于3mm，对于铺砌大理石或花岗石板的地面，应采用火烧、打毛、剔槽等方法进行表面处理，避免造成步行中跌滑的不良后果。

(3) 地面导向提示与无障碍设计（图9.18）

地面铺装的拼图不仅有美化作用，同时具有一定的引导与指向作用，它可以为行进中的人们作街区范围和重点区域的方向引导，并在不同高差地段的梯步上，采用色彩的对比进行视觉提示，使步行街区更具安全性。此外，在进入商业步行街区的人群中有一定比例的残疾人，他们需要更多社会的

图9.17　毛面花岗岩与抛光面花岗岩结合的铺装

图9.18　残疾人通道

关怀，因此，街区地面设计应专门为残疾人准备特殊的行进道路和导向提示。对于有场地高差关系的地面梯道旁应设置残疾人通道，盲道设置应有明确的导向提示（根据无障碍设计规范要求执行），并切忌景观物摆设，避免形成障碍。

(4) 地面铺装的形式与色彩（图9.19）

地面铺装的形式与色彩是商业步行街区景观设计中重要的组成部分，是人们最为易见、最多使用的景观要素，地面铺装的形式与色彩效果的优劣直接影响整体街区环境。因此，在地面铺装设计时需要从街区整体形式、建筑形态、街道尺度、交通关系、道路指向、各种景观物象的占地位置、形态等方面进行综合思考，形成系统的、适合步行街区视觉和功能要求的地面铺装设计。铺装形式一般有点式、条带式、图案式和具象表现等，铺装的色彩表现有单色铺装、复色散乱铺装、复色图案铺装、套色片状膨胀等。无论在形式和色彩的应用上都应结合街区总体风格关系、静态与动态的景观物象关系、竖向关系形成统一的视觉表现形式。

9.2.3 街区景观艺术品与造景设计

公共艺术品与人工造景是营造步行街区人文氛围，反映社会文明程度，体现时代精神，表达区域独特文化现象的重要手段。公共艺术品与人工造景景观有别于其他应用功能景物(如建筑、道路、公共设施等)，是具有独立视觉审美价值和独立形态特征的景观物象，是一个街区视觉景观形式的主调。由于商业步行街区在一个区域或一个城市所具有的特殊影响与作用。因此，商业步行街区的公共艺术品与人工造景从某个层面上，也代表了一个城市物质文明与精神文明发展的程度，反映出城市文化艺术发展的水平和大众审美素质。

(1) 公共艺术品设计

公共艺术品是由雕塑、浮雕、壁画和装置艺术等表达方式构成，并以三维空间形式表现的，采用耐久材料制作的，具有独立视觉表现意义的空间艺术，是城市环境中最常用的造景方式（图9.20、图9.21）。在现代商业步行街区中艺术的渗入不仅仅体现在作品的表现上，同时也体现在环境中的艺术活动上，艺术家在特定的街区休闲区域中发生的艺术行为给人以切身的艺术感受，也是步行街中最受人们驻足青睐的人文景观。在表现类型上通常采用小品、群雕、组合装置、大型主题艺术墙、主题雕塑、艺术活动区等表现手法，针对街区环境的人文背景与场地条件的需要进行表现，在步行街区中公共艺术品设置应具有一定的必要性。

场地的特殊性 不是所有的街区环境都适合放置或接受不同形式的艺术品或开展艺术活动的。设置艺术品和发生艺术行为必须根据环境的需要与场地的特殊条件而决定，即在特殊环境下配置的特殊形象，开展特殊艺术活动，产生特殊效果，这是公共艺术品存在的理由和条件。公共艺术品和艺术行为在街区环境中不仅要关注作品本身的形式问题，同时应考虑观者视觉距离尺度、作品的尺度比例关系与活动所需空间关系，这是形成场地条件的关键因素，根据不同的环境条件，选择相应艺术表现方式，是街区人文景观设置的重要内容。

人文的象征性 在商业步行街中的艺术品应注重人文意义的表达，无论是运用传统的或现代的形式，都应根据本土地域的文化背景、社会生活习俗和时代特征进行创作，使街区环境中的公共艺术品

19

图9.19 铺装的形式与色彩

20

21

图9.20 街头雕塑毕加索——狐狸

图9.21 街头雕塑亚历山大·尔德——巨大的速率

具有公众可辨识的区域人文特征和文化意义。

表达的公众性　公共艺术品的表现无论从形式和内容上都应体现公众性，它不等同于纯艺术表现，这是公共艺术品表达的首要因素。艺术品放置在商业街区环境中其形式传达具有强制性观看的性质，进入街区的公众无法回避，不管接受与否，因此，作品形式与内容的表达应以大众化的普遍审美意识为基点，艺术表现多以叙事性、象征性、民俗性和趣味性题材为主，注重形式表达的多样化。

(2) 造景设计

造景设计是以街区环境为条件进行人工景观营造的设计活动，以街区的道路、空地、建筑立面、街道上空为景观表现的载体，形成多维度的、多样化的街区景象。从造景的种类区分，通常有水景、石景、植物景观、构筑物景观、悬吊式空中景观和灯饰照明景观等，这些景观形象将使步行街区产生丰富的视觉效果，从而吸引更多的游人进入商街游览购物。商业步行街的造景设计不仅有美化环境的作用，同时具有为街区环境营造驻足休息、漫步观赏的作用，优秀的造景设计是将应用功能与景观形式完美结合的结果（图9.22、图9.23）。

道路、空地上的造景设计　是商业步行街中主要的景观表现方式，以水景、石景、植物和构筑物景观为主。常见的是将几种不同造景手段结合运用，使街区的各个路段连贯成一个具有丰富可视性和功能性的景观系统。地上造景设计需要根据场地空间尺度关系与路段交通节点关系，从总体设计的角度思考水景形式（流水、静水、喷泉），石景的设置（山石、石墙、石梯），植物选种（乔木、灌木、花卉、草坪），构筑物景观的营造（观景亭台、休息亭台、廊道、花架），并结合游人行进、驻足、观看的行为习惯，在人流相对集中的区域形成休闲功能完善，观景效果良好，空间变化丰富的街景关系。

街道上空　是动态的临时性造景设计表现的空间。常见的形式有喷泉、充气空飘、灯饰、彩旗、彩带和轻质材料造型悬挂等。街道上空的造景是一种临时性和装饰性的活动，起到增强街区氛围、丰富街区景观形象的作用，主要根据街区空间条件结合节庆活动所进行的场景式造景设计。

9.2.4　街区公共设施的形式设计

在商业步行街中除独立的景观设计给街区带来审美形式功能外，公共设施、设备也是环境中重要的视觉物象，需要专门对其进行形式设计，使之成为街区中发挥重要的景观作用。商街的功能性公共设施、设备种类较多，几乎涵盖了（除车行交通以外的）城市街区，道路的所有公共设施、设备内容。从不同的功能上概括，应分为公共设施类和公共设备类。

(1) 公共设施形式设计内容

通常意义上的公共设施景观是指服务于街区人群使用的建（构）筑物。它包括以下内容：书报亭、电话亭、公共卫生间、售货亭、可移动式商业摊点、治安管理站、咨询站点等。这些具有明确功能性的设施，在街区环境中占有一定的视觉空间，如不经刻意的形象设计，会影响街区总体景观形式，因此，对其形态、色彩、材料的处理，是使之成为景观物象，更好地发挥功效作用的必要手段。

(2) 公共设备形式设计内容（图9.24）

公共设备在功能与体量上有别于公共设施，但性质是一致的，它的内容包括：路灯、休息椅、座式和挂式公共电话点、垃圾桶、洗手台、消火栓、隔离栏、邮箱、路标指示、公共信息显示屏等。这些设备的形象尺度大多都较小，容易受到遮挡和在视觉上被忽略，因此，更应注重在形式设计上突出其形象特征，易于游人便捷地使用。

图9.22　街头水景

图9.23　植物与水景结合造景

图9.24 公共设施形式设计内容

(3) 公共设施形式设计要点

形象系统的识别 公共设施、设备的功能是既定的，但如何加强使用的便捷，强化其作用，并具备美好的形式，则是设计需要解决的问题。在繁华热闹的街区中，满眼都是各种物象，公共设施常常淹没其中很难寻找。因此，运用形式的特征区别于环境中的其他形象，是更好地发挥其功效的最佳方式（图9.25）。但在形式设计时应对公共设施、设备的形象进行不同功能、不同体量的系统分类，并根据不同的系统建立视觉形象设计的识别关系，使公共设施、设备在商业步行街区中既能突出视觉形象，又不喧宾夺主形成干扰，同时有序地构成街区环境中，具有良好视觉效果的功能形象体系，成为另类景观。

功能的最简化和安全性 公共设施、设备的形象设计内容中，包含了一定的功能意义，在街区环境中人们对于公共设施、设备的使用往往处于暂时状态，需求目的直接而明确。复杂的多用途功能是多余的，最佳的结果是尽快地满足使用达到目的。在针对使用功能设计的同时应注重快速操作过程中的安全问题，以及游人在行进过程中的擦碰问题，因此，边、角、外形的处理是形象设计的重要部位，避免造成对游人的伤害。

形式与环境 在公共设施、设备的系统形式设计过程中，应注重对象与环境的视觉关系（图9.26），公共设施、设备无论从功能和景观的方面

图9.25 街头指示牌

图9.26 灯具设计

都应是环境中发挥辅助作用的配置条件，不是主体。不能将电话亭、垃圾箱等构成街区中主要的景观，因而，对于公共设施、设备的设计应根据街区环境的条件和整体形式需要，进行与环境协调、搭配的设计，应对其他景观物象的形式共同构成和谐的街景。

9.3 商业步行街区设计实例

六本木新城街区（图9.27）是日本东京著名的购物中心和旅游中心，包括东京凯悦大酒店、维珍TOHO影城、朝日电视台、森艺术中心、新城住宅、露天广场、毛利庭园、屋顶庭园等一批标志建筑和景观设施。该项目由投资上海环球金融中心的日本森大厦株式会社历时17年开发建设，是日本最大规模的城区开发项目，并于2003年4月25日竣工使用。

新城以打造都市文化中心为规划设计理念，将办公、住宅、商业设施、文化设施、宾馆、多功能影城和广播电视中心等组合在一起，形成居住、工作、娱乐、休息、学习、创作等多种功能为一体的区域格局。景观设计由日本著名景观设计师佐佐木叶二先生主创。在景观设计上体现“城市中心文化”与“垂直庭院城市”的理念，将城市高楼屋顶的空间装扮成绿色的广场和庭园，绿色步道串连整个城市空间。六本木新城综合楼实施了最大的绿化，让居民可以使用楼顶庭园，曲线绿篱、石墙、小河、小草坪与树木，把散置庭园连接在一起，形成一个主题。世界知名的艺术家们创作的公众艺术作品和街头设施随处可见，整个城区展现出充满艺术氛围的独特街景。

图9.27　日本六本木新城商业街区

10 居住区景观设计

10.1 居住区景观设计的概念

10.1.1 居住区景观设计的概念和意义

住宅作为人类生存的必要物质条件，是家庭的物质载体，也是人类生活最基本的物质消费资料，它可以满足生存、发展乃至享受多层次的需求。住宅建设作为城市建设的一个重要组成部分，不仅为居住者提供居住的空间和场所，还需要创造良好的居住环境，满足居住者的社会和心理需求（图10.1）。

居住区提供着居民生活所必需的外部空间的物质环境和精神环境，其中精神环境的需要以物质环境作为支持，居住区应该提供人们各种户外活动的可能性（图10.2）。早期居住区的景观设计往往被简单地理解为绿化设计，景观布置也以园林绿化为主，景观规划设计在居住区规划设计中往往成为建筑设计的附属，常常是轻描淡写、一笔带过，未经深入设计的环境，效果难免不尽人意。如今，居住区的景观环境愈来愈受房地产发展商和居民的重视，人们在满足居住需求的同时，也在追求一个优美怡人的自然环境，环境景观在居住区中逐渐发挥着重要的作用（图10.3），居住区环境景观质量已经直接影响到人们的心理、生理以及精神生活。

10.1.2 居住区的划分与规模

早在1929年，美国建筑师佩里（C.Perry）提出了邻里单位概念，在这个概念中，居住空间的功能被划分为住宅、道路、绿化、服务设施，彼此功能划分明确，空间互不交叉；邻里单位内部道路宽度、绿化面积、服务设施规模也由邻里单位向邻里单元呈等级化递减；对于建筑形体环境，住宅的高度、日照、间距、朝向、建筑密度等都通过精心的设计达到理性的效果（图10.4）。我国居住形态初期是借鉴西方邻里单位，学习前苏联街坊的布置，直到小区规划理论的出现并传入我国被广泛地采用及积极发展的今天，有必要给居住区作一个划分。白德懋在《居住区规划与环境设计》一书中，将居住区划分为三级：居住区、小区和住宅组团。

(1) 居住区

居住区是指城市主要道路所包围的独立生活居住地段。在居住区内设有比较完整的日常性和经常

图10.1　充满现代气息的楼盘景观鸟瞰效果图

图10.2　居住区中的活动场地

图10.3　南京钟山花园城景观设计

图10.4　万科城市高尔夫花园

1

2

3

4

性的生活服务设施，这些设施能满足居民的基本物质和文化生活要求。因此它的规模一般为1万～1.5万户，3万～5万人，相当于城市一个街道办事处管辖的范围。居住区下可划分若干小区，也可不划分小区而由若干住宅组团组成（图10.5）。

(2) 居住小区

居住小区简称小区，有别于工业或其他小区。小区应是居住区道路（也可是城市一般道路）所包围的日常性生活居住单位（图10.6）。小区内设有日常性的生活服务设施，以满足日常生活必须。但经常性的设施，如规模较大的邮局、购物超市、医院等还得去小区外解决。它的规模约2000～3000户，1万人左右。小区下可划分若干住宅组团，或视具体情况不分组团。

(3) 住宅组团

住宅组团是居住区的基本居住单位，由若干栋住宅组成。其规模相当于一个居民委员会，300～700户，1000～2500人。住宅组团内可设一些直接与居民日常生活有关的。例如，小百货、烟杂店、卫生站和自行车存放处等微型服务设施。一般不设幼儿园、百货商店等公共设施，以免把嘈杂的人流、车流和噪音带进来而影响居住环境。所以称之为住宅组团（图10.7），以表示它的单纯居住性质。

10.2　居住区景观设计原则

居住景观设计属于一项综合性课题，并且遵循一些基本原则。景观的整体性、舒适性、生态性、人文性决定了居住景观的形式特征和文化内涵。以人为本，关心人于细微之处，这应当贯穿于景观设计的始终，设计者有责任、有理由去按照景观建筑学的基本原则将居住区建构成一个具有认同感、归属感的“家园”（图10.8）。

2004年6月，建设部对外公布了《居住区环境景观设计导则（试行稿）》，该导则中对小区设计制定了五大原则，按照该导则，居住区环境景观设计应坚持社会性原则、经济性原则、生态原则、地域性原则、历史性原则。

(1) 坚持社会性原则

赋予环境景观亲切宜人的艺术感召力，通过美化生活环境，体现社区文化，促进人际交往和精神文明建设，并提倡公共参与设计、建设和管理。

(2) 坚持经济性原则

顺应市场发展需求及地方经济状况，注重节能（图10.9）、节材，注重合理使用土地资源。提倡朴实简约，反对浮华铺张，并尽可能采用新技术、新材料、新设备，达到优良的性价比。

(3) 坚持生态原则

应尽量保持现存的良好生态环境，改善原有的不良生态环境。提倡将先进的生态技术运用到环境景观的塑造中去，利于人类的可持续发展（图10.10）。

(4) 坚持地域性原则

应体现所在地域的自然环境特征，因地制宜地创造出具有时代特点和地域特征的空间环境，避免盲目移植（图10.11）。

(5) 坚持历史性原则

要尊重历史，保护和利用历史性景观，对于历史保护地区的居住区景观设计，更要注重整体的协

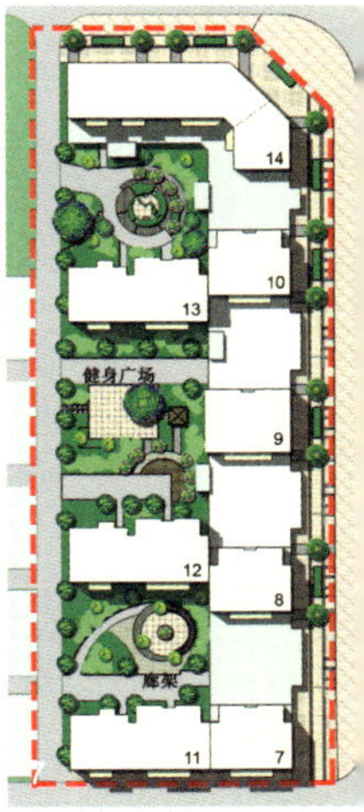

图10.5　居住区景观平面规划设计

图10.6　居住小区景观平面设计

图10.7　居住组团景观平面设计

图10.8　现代都市人的家园，居住区实景

图10.9　太阳能集体供热

图10.10　居住区景观节点设计

图10.11　居住区植物景观设计

调统一，做到保留在先，改造在后（图10.12）。

10.3　居住区景观设计方法

10.3.1　绿化种植景观设计

居住区绿化设计最早发展于西方发达国家，20世纪四五十年代，工业的迅猛发展，破坏了生态环境，带来一系列严重后果，迫使相关国家开始重视环境设计。居住区绿化的重点在于区内公共绿地的规划设计，居住区绿地是在居住区用地上栽植树木、花草，改善地区小气候并创造自然优美的绿化环境。我国城市居住区绿化率要求在30%以上。

居住区绿化种植设计应按植物生态习性和园林布局要求，合理配置园林中各种植物（乔木、灌木、花卉、草坪和地被植物等），以发挥它们的生态功能和观赏特性（图10.13～图10.17）。植物具有生命，不同的园林植物具有不同的生态和形态特征，它们的干、叶、花、果的姿态、大小、形状、质地、色彩和物候期各不相同；它们（主要指树木）在幼年、壮年、老年以及一年四季的景观也颇有差异。

(1) 设计要求

- 要考虑尽可能保留原有植物，高大乔木等。

图10.12　新中式风格居住区

图10.13　自然优美的居住区环境

图10.14　居住区绿化设计

图10.15　丰富的居住区绿化设计

图10.16　垂直绿化设计

图10.17　儿童活动区景观设计

- 使平面植物配置与空间环境相结合，种植绿化平面与立体结合，使得景观立面层次更加清晰、丰富。根据绿化位置不同，垂直绿化可分为围墙绿化、阳台绿化、屋顶绿化、悬挂绿化、攀爬绿化等。
- 植物造型要与植物生长的习性相结合。
- 种植绿化实用性与艺术性结合，要考虑四季景观及尽早普遍绿化的效果，采用常绿树和落叶树、乔木和灌木、速生树和慢长树、重点与一般相结合，不同树形、色彩变化的树种的配置。种植绿篱、花卉、草皮，使乔、灌、花、篱、草相映成景，丰富美化居住环境。
- 绿化种植景观也要考虑与其他植物构景元素相结合，形成综合景观效果。
- 在幼儿园及儿童游戏场，忌用有毒、带刺以及易引起过敏的植物，以免伤害儿童。在运动场、活动场不宜栽植大量飞毛、落果的树木。
- 要注意与建筑物、地下管网有适当的距离，以免影响建筑的通风、采光，影响树木的生长和破坏地下管网。乔木距离建筑物5m左右，距离地下管网2m左右；灌木距离地下管网和建筑物1～1.5m。

(2) 植物配置的方法

孤植　是采用较多且最为灵活的形式，适宜于近距离观赏，其姿态、色彩要求优美、鲜明，能给人以深刻的印象，也是一些较名贵、稀有树木的配置方式，多用于点景或界定特定的空间。

对植　是一种对称呼应的布置。可以是单株对植或组合对植，平面上可以暗示空间，空间上可用树木形成“门”式的形态，常用于入口等主要活动区两侧。

列植 成行列的布置，可以形成有序的状态，成为一道天然的屏障。常用于道路的两侧，以及空间的划分和阻隔噪音、风沙等。

叠植 是将某种树木、植物叠加种植在一起，以取得层次丰富、环境充盈的效果。

丛植 是3棵以上的树木种植在一起的方式，可以取得自然、活泼的效果，一般以奇数出现，大小搭配。

群植 一种是同种花木组合群植，可以充分突出某种花木的自然特性，突出园景的特点；另一种是多种花木混合群植，可以配合山石水景，模仿大自然形态。配置要求疏密相间，错落有致，丰富景色层次，增加园林式的自然美。一般是姿态美、颜色鲜艳的小株在前，型大浓绿的大株在后。

10.3.2 道路设计

居住小区道路规划的布局应以小区的交通组织为基础，道路布局结构是小区的构成框架，一方面它起到了疏导居住区交通、组织居住区空间的功能，另一方面，好的道路设计本身也构成小区的一道亮丽风景线（图10.18）。

(1) 道路分级

小区主干道 以车行为主，宽度一般为6～7m。该道路要求能顺利进入城市道路，又要保持居住环境的安静和安全，因此，对必须进入的车辆要迫使它们降低速度（图10.19）。

小区次干道 以非机动车和人行为主，宽度一般2～4m，联结小区各绿地游憩空间，供居民散步休闲之用（图10.20）。

宅间小路 只供人行，宽1.5m左右。若是高层住宅，路应稍宽，以保证垃圾车、救护车等顺利通行（图10.21）。

(2) 道路设计要点

小区的道路规划应在满足居民出行和通行要求的前提下充分考虑其对小区空间景观、空间层次和形象特征的构建与营造。

小区的道路布局应遵循分级布置的原则，并与小区的空间层次相吻合。

小区的道路布局应充分考虑周边道路的性质、等级和线型以及交通组织状况，以利于小区居民的出行与通行，促使该地段功能的合理开发，避免对城市交通的影响。

小区道路应考虑地形以及其他自然环境因素，因地制宜。

小区道路布局应考虑城市路网格局形式，使其融入城市整体街道和空间结构中。

布置小区道路必须同时考虑住宅组群的空间组

18

图10.18 道路景观

19

图10.19 主干道设计

20

图10.20 次干道设计

21

图10.21 宅间小路

织、景观设计、居民的活动方式，也同时考虑各个中心绿地的形态、出入口、面积大小等（图10.22）。

10.3.3 建筑小品景观设计

建筑小品在居住区硬质景观中具有举足轻重的作用，精心设计的小品往往成为人们视觉的焦点和小区的标识。

(1) 设计要点

- 建筑小品景观的设置要根据居住建筑的形式、风格、居住环境的特点决定。
- 建筑小品景观设计要根据居民的文化层次和爱好以及当地居民的风俗习惯等。
- 建筑小品景观的设计要选用适合的材料。
- 建筑小品景观的形式和内容要与环境和谐统一，成为有机整体。

(2) 设计内容

入口　在居住区中入口分为居住小区入口、组团入口、公共绿地入口以及住宅庭院入口等，无论是哪一种入口，其作用一般主要是分隔地段和空间。居住小区入口大门应具备一定的标识性以增强社区自豪感和归属感（图10.23），一般与围墙相结合设计。小区组团及公共绿地入口则形式较为多样。

围墙　居住小区外围一般用围墙围合，以起到空间界定和安全防范的作用。

凉亭廊架（图10.24）　凉亭廊架可以形成较强领域性的空间。亭成点状分布，是视觉焦点，也

图10.22　道路设计实例

图10.23　入口设计

图10.24　凉亭廊架设计

图10.25　水景设计
图10.26　雕塑小品
图10.27　地面铺装

能成为行走的目标。廊成线性分布，是联系空间的纽带。凉亭和廊架通常会成为小区居民活动较为集中的场所，特别是老年人和儿童。

水景（图10.25）　水景是居住区景观小品设计中常用的元素，水的形态较为特殊，宜动宜静，形式多样（如喷泉、瀑布、水池等），与水生植物搭配也是相得益彰，可调节环境的温度和湿度，改善生态环境，可作为园区的点睛之笔。在水景设计上应尽量采用比较适宜的尺度，水面不能过深，以安全为首要原则。

雕塑小品（图10.26）　雕塑小品又可分为抽象雕塑和具象雕塑，使用的材料有石雕、钢雕、铜雕、木雕、玻璃钢雕。雕塑设计要同基地环境和居住区风格主题相协调，雕塑尺度与周边环境相融合，设计上还应注意安全性。优秀的雕塑小品往往起到画龙点睛、活跃空间气氛的作用。

地面铺装（图10.27）　在设计中，通过地面的地坪高差、材质、颜色、肌理、图案的变化创造出富有魅力的路面和场地景观。目前在居住区中铺地材料有多种，如：广场砖、石材、混凝土砌块、装饰混凝土、卵石、木材等等。优秀的硬地铺装往往别具匠心，极富装饰美感。

10.3.4　公共设施设计

(1) 户外运动场

户外运动场包括网球场、羽毛球场、门球场、室外游泳场等（图10.28和图10.29）。

- 场地选择要充分考虑对周边环境和对居民的影响，例如球类运动场要远离儿童活动场地，高大树木和球类运动场也要保持一定距离。
- 运动场周围要有足够的空间以便居民休息和驻足观看。
- 各类运动场要配合相适宜的地面。

(2) 机动车停车场

地面停车场　小区地面停车要远离公共活动空间，多采用垂直式停车（垂直于停车通道的方向），停车带占地较宽，通道至少要有两车道宽。停车场内要有绿化种植，既可美化环境，又可以形成庇荫。为满足车辆的垂直停放和种植物保水要求，绿化带一般宽为1.5～2m。

地下停车场　可以采用全地下和半地下两种方式，多采用掩土车库的形式（即抬高绿地、运动场，底层作车库），有效解决了人、车和绿地的矛盾。

(3) 非机动车停放地

小区非机动车停放多采取独立的停车库或停车棚，有住宅底层、地下和半地下停车房和露天停放等几种常见形式。

(4) 卫生设施

垃圾箱　垃圾箱要沿小区道路设计或居住单元出入口附近的位置，以方便使用，应注意耐火性和排水性（图10.30）。小区内还应提供一定数量的分类收集垃圾箱。普通垃圾箱规格为高60～80cm，宽50～60cm。一般可采用不锈钢、木材、石材、混凝土等材料制作。

垃圾站　小区垃圾的收集方式主要分为3种：不设置特定设备，将垃圾投入垃圾袋收集；将垃圾集中到垃圾桶收集；设置垃圾集中箱收集。在确定垃圾收集方式后，设置垃圾站，选择清洁车能够顺利通行同时又不醒目的位置和路线，同时又应避免空气污染和破坏景观等不利因素对居民的影响，垃圾站周围要用围墙或者植物作为遮蔽。

洗手池（图10.31）　目前，国内居住区基本不设立饮水和洗手设备，但此类设备是有必要的，特别是在儿童活动区和运动场地。

(5) 服务设施

标识　主要是小区的导向板、路标和标识牌等（图10.32），要求符合建筑环境，同时选择符合功能并醒目的尺寸、形式和颜色，同一小区标识牌应有统一风格。

环境照明　包括道路、广场、绿地和庭院照明等。主要目的是提供安全和舒适的照明条件。例如：居住区入口、建筑物入口和停车场应采用高亮度照明，以保证安全；常有人使用的区域附近应设置照明，以确定铺地界限，避免浓重的阴影（图10.33）；公共户外活动区或庭院应铺设电线和安置电器设备以及通用插座，以备户外表演活动使用等。

28

29

30

31

图10.28　居住区中的活动设施

图10.29　居住区内的游泳池

图10.30　垃圾箱

图10.31　洗手池

图10.32　标识设计

图10.33　环境照明设计

11 滨水景观设计

11.1 滨水景观设计的概念

滨水景观是城市或城市区域空间环境的重要组成部分。它的重要价值和意义在于满足了“人”的自然属性和社会属性不断发展与变化的需求。其具体表现为改善城市生态质量，舒缓城市居民生活压力，美化城市形象面貌等方面发挥重要作用，具有功能性、生态性和审美性等特征。国内外的许多成功规划，即是有效利用城市中得天独厚的自然滨水资源，进行科学合理艺术地规划、治理、开发，成功地使滨水区景观成为城市的标志，突显出卓越的社会价值、生态价值和经济价值（图11.1）。

水，作为自然的元素，是生命的依托，是人类的文明史的摇篮。从幼发拉底河到尼罗河，从地中海到恒河，从黄河到长江，水不仅是滋养生命的源泉，更是人类灵魂的居所。所以，孔子说“智者乐水，仁者乐山”“君子见大水必观焉”；毕达哥拉斯说“万物‘水’居第一”，是江河湖海孕育了他们高深的智慧和无限的哲理。随着人类文明的演进，出于对水的利用与认识不断的加深，“水文化”便越来越鲜活地呈现在我们面前。古往今来，人们千方百计地寻求对水的认知，大约就是源自于对“水文化”的眷恋。

水从古至今都是环境景观设计中重要的组成部分，这种地位是由水的独特功能和价值所决定的。水之美在于：形、势、声、色。“形”是形式美：或阔或狭、或直或曲；“势”是动势、气势，展现的是水体的动态美，或澎湃千里，或涓涓连绵；“声”是声音，是声境，展现的是听觉美，有江海之汹涌滔滔，也有溪塘之淅沥潺潺；“色”即色彩，表现的是水景的视觉美。通过对水底、水岸材料以及岸边绿化种类的选择和搭配，辅以自然或人工灯光照明系统，可以自由创造出理想的富于变化的水景环境。

在古今中外的城市里，水道作为其存在的首要作用即是满足人类的各类活动需求，如发挥运输、排涝之功效，从《清明上河图》中繁荣的汴河景象可得证明。随着人类文明的进步，虽然在当今的社会里城市内河作为主要运输的功能正在逐渐的消退，但这并不意味着城市水道丧失了功能性特征，所以在城市滨水区域的设计中仍然不能忽视这一潜在的特征（图11.2）。

滨水区是典型的水、陆交界地区，被生态学家称为生态交错带。其物质交换过程非常频繁，生物多样性和环境生产力很强。因此，滨水区的植被表现为物种丰富、结构复杂的自然群落形式。滨水区既是陆的边缘，又是水的边缘，故其景观环境是双重的。正是这种自然环境观的优势，使滨水区成为城市中最具魅力和特色的区域，倍受人们欢迎（图11.3）。

图11.1　安徽省巢湖市滨水景观规划设计

图11.2　水道

图11.3　伦多HTO滨水公园

图11.4　广州中山岐江公园

图11.5　北京通州运河公园

而人们具有观水、近水、亲水、傍水而居的天性，使其成为游泳、钓鱼、赛艇、滑水、溜冰等水上活动的场地。城市中的滨水区以其活跃性和穿透力而成为城市景观组织中最富有生气的元素，它集中体现了城市深厚的文化积淀和丰富的物质文明，如图11.4和图11.5。

今天的滨水设计，不但是把水作为景观设计的元素，更是对“水文化”的继续阐释和发展。水环境是城市环境的重要组成部分，应当融入城市市民的整个生活环境中。在城市规划中要充分体现“以人为本，天人合一”的思想，重视城市滨水空间的规划设计，促使人类向往自然环境，以和谐的方式处理城市与自然的关系。以水造景，以景寓意，形式美与意境美的结合，在艺术上、设计上达到统一。

我国的滨水环境是城市基础设施建设的重要组成部分，除具有防洪排涝、交通航运、生活用水、农收灌溉、工收供水等功能外，还承担着城市旅游、市民休闲、美化城市等功能。正如查尔斯·摩尔所说：“滨水地区是一个城市非常珍贵的资源，也是对城市发展富有挑战性的一个机会，它使人们逃离拥挤的、压力锅式的城市生活的机会，也是人们在城市生活中获得呼吸清新空气的疆界的机会。”

11.2 滨水景观的艺术特性

11.2.1 美感性

滨水景观是城市环境美化与装扮的重要区域和内容，对滨水景观整体美感的把握主要表现为三层目标：和谐环境、陶冶情操和印象城市。

由于历史观念、认识局限和经济基础等原因，在目前多数城市的滨河环境中，水系被更多地作为工程实体而非城市公共空间来看待，较少考虑人的心理和生理需求，更缺少美感化的处理。滨水景观是城市整体环境的一个部分，它最基本的美感来源是同城市环境自然相融合所表现的自然状态，即体现出一种绿色、和谐、轻松的气息。而那种富于深层文化意味的情绪氛围的环境，则是更高层次美感环境的体现。这种环境通常可以表达出某种情趣、某种思想性，富有表情和感染力，能够陶冶和震撼人的心灵。或亲切或雄伟、或幽雅或壮丽、或粗犷或精致，陶冶情操是这种环境带给人们的最典型的美的享受。当然对于一座富有个性的城市而言，一旦滨水环境的这种美给人留下了深刻印象之后，它往往更容易成为这座城市不可或缺的名片和形象（图11.6）。例如，泰晤士河之于伦敦，塞纳河之于巴黎，秦淮河之于金陵。

滨水景观的美的营造可以通过某些形式美法则来实现。最主要的方法就是把握尺度和控制节奏。把握尺度是指对于滨水景观各元素部分的空间体量需要有恰当的选择，如水与岸的关系；岸与陆的关系；绿地与铺装的关系；道路与绿地系统的关系；建筑与植物的关系等。它们都有各自不同的尺度构图规律和手法，往往形成各种不同的法式和关系。具体的方法即是把景观各要素概括为点、线、面、体、块等基本模块，以此为材料，通过空间的平移、旋转、放射、扩大、混合、切割、错位、扭曲，结合不同质感材料组合，来创造出具有美感意味的环境（图11.7）。

控制节奏是一切美感产生的重要手段。在滨水景观造景中，其具体表现为处理好虚与实的关系、大与小的关系、疏与密的关系等。这些关系合理变化便可以形成一种富有韵律的秩序与节奏关系，能够让环境中游赏者自然地感受到舒适与惬意（图11.8）。实际上大家对这种处理方法并不陌

图11.6　城市名片

图11.7　国外某滨水公园

图11.8　日照银河公园

生，在我们熟悉的中国传统私家庭院中就常常采用这些方法来造景。需要注意的是控制节奏的手段是多样的，既可以从形上进行把握，也可以从色彩的角度出发，对鲜艳、明快、调和、素雅等色彩关系的进行组合以获得别样的节奏感；更可以利用水的特性——声音来体现节奏，或滔滔、或涓涓、或潺潺。水声与风声与其他天然声响一起生成为自然天成的和谐乐章。这种节奏往往要比那些刻意追求的人工之美更有趣味、更耐人寻味。所以在对滨水景观的美感塑造上，不能一味地追求人为形式之美，而忽略对那种自然天成意境的营造。

值得注意的是，单纯地追求形式美，没有具体功能和地域性特色，脱离与城市文脉的关系，则是对城市精神和文化多样性的抹杀，极有可能成为浪费大量“资源”的视觉“垃圾”。

11.2.2 生态性

从生态层面上看，城市滨水区的自然因素使得人与环境间达到和谐、平衡的发展。水是一座城市的灵魂、血脉，它的健康和兴废往往关乎这座城市健康乃至兴衰，古往今来莫不如此。开封、扬州……因为汴河、大运河的开凿疏通而兴盛繁华，也因其淤塞而衰落沉寂；为镇压南京的王气，秦始皇下令开凿穿过城市的内河，因为他认为河穿城必污之，因而必败风水。在当代，随着人类的发展，城市污染的日益加重的现实，更加印证秦始皇对城市水环境的认知。从这层意义上看，今天我们对滨水景观的开发，就不只是发挥美化环境的作用，更是保证城市健康地可持续发展，因此生态性是滨水景观所必须具备的天然属性（图11.9）。

历史和现实经验告诉我们，水的质量是滨水景观生态性的关键。要想焕发城市新的生命力，要想切实改善城市人居环境，提升城市形象，河道清污、净化水质是滨水景观规划的开始也是核心，可以想象一个围绕在臭水潭周围的景观环境，无论花有多香，草有多绿，都很难发挥其应有的景观效应。保持水质，应特别注重对原有亲水植物和水体岸线保护进行，水体岸线的平滑流畅的形态，充分体现了水的流畅柔美。驳岸、池底的天然素土与水直接沟通，可以使水体快速更新与自净；驳岸的天然植物亦可起到稳固土壤、抑制因暴雨径流对驳岸的冲刷、美化净化水体的作用，巢湖滨水（图11.10）。

图11.9　广东中山市岐江公园滨水景观设计

生态设计不是简单地经营水体或种植植物，在强调可持续发展和节能减排的当今时代，它更多地表现为一种设计哲学，一种科学的设计方法，强调生物共同生存发展的生命本质，最低限度地使用不可再生资源，高效利用可再生资源，尽量减小对环境的破坏影响，保护和恢复河流生态系统，充分发挥河流生态廊道作用（包括改善水质、保证河道宽度和连接度、保护和恢复河道自然面貌、构筑生态亲水驳岸），保护和建设多样性的植物斑块和廊道。生态设计的最直接的目的是资源的永续利用和环境的可持续发展，最根本目的是人类社会的可持续发展。

11.2.3 文化性

芒福德（Lewis Murnford）曾说过：“未来城

图11.10　安徽省巢湖市滨水景观规划

市的职责是充分发展地区的、文化的和个人的多样性与个性”。其实景观设计，特别是城市环境的景观设计最典型、最原始的性格即产生于“市”中的文化个性。城市文化有着极其鲜明的个性：“一方水土养一方人”讲的是城市文化的地域性，城市文化生长于不同的地区和环境中，养育人们的土地和气候从习惯到风俗，从语言到行为，无处不在地培育和生成了城市的“个性”，在不断增长的全球化的背景下，芒福德的观点应更多地被理解为是对城市文化同一化的预言式的担忧和对城市个性的唤醒。

在景观中城市文化性的表现，不但要为城市不同人群开展文化活动提供优质的环境空间。更要深化城市的文化内涵，提高城市的环境品位。景观的文化体现既要求规划设计空间的人文化，将环境与人的多样性的户外活动联系起来，同时还应注重场所文脉的把握，注重发掘原有场地的历史文化价值，使得居民能够认同文化，游客可以领略文化。

11.3 滨水景观的设计原则与方法

11.3.1 滨水绿地植物景观设计

滨水绿地是指在城市规划区域内，与水域（江、河、湖、海等）相接的一定范围内城市公共绿地，植物是恢复和完善滨水绿地生态系统的主要手段。滨水区以绿地的生态效益作为主要目标，一方面要注重植物观赏性方面的要求，另一方面还要结合地形的竖向设计，模拟自然条件下水系地貌特征（如河口、滩涂、湿地等）（图11.11），创造滨水植物适生的环境，以提升城市滨水区域的生态品质为目标，综合考虑绿地植物群落的结构。另外，在滨水生态敏感区建设滨水生态保护区，以及建立多种野生生物栖息地等，建立完整的滨水生态廊道。

图11.11 上海四川北路公园

对现代景观设计、生态景观环境、滨水区发展需要有一个重新的理解和全新的观念，停留在原有绿地种植观念基础上的设计无益于滨水区的发展，需要重新“整改”滨水区植物景观的设计，应以发展本地特色植物景观和采用滨水植物为主，满足人们的视觉要求，改善城市环境，建立滨水区生态绿廊为目标。而滨水区植物景观以其独特的双重地域特征，使其设计成为现代滨水区景观中最重要的研究内容之一。

滨水绿地具有其他环境所没有的亲水性和快适性：

- 滨水绿地是城市公共绿地范畴，具有城市公共绿地的开放性、系统性、生态性等形态特征。
- 滨水绿地是城市滨水区的范畴，是城市水域（江、河、湖、海等）与陆地（主要是绿地）相接的一定范围内的区域。
- 滨水绿地是属于城市公共空间的范畴，这意味着它受城市多种因素的制约，要承载城市活动，执行城市功能，体现城市形象，反映城市问题等。

(1) 滨水绿地植物选择与配置原则

滨水绿地植物的选择与配置在遵循适地适树原则、保护性原则、生态优先原则、功能性原则、整体性原则、发展性原则的前提下，依据其立地条件的特殊性，着重强调以下原则：

突出保护性和功能性原则 在滨水绿地的植物配置中，要保留好当地环境中存有的植物以及古树和名木，它们是当地环境变迁的一种见证，具有丰富的历史文化感。一些长期生长在水中的古树，一旦被破坏就很难再栽植成功，这与植物本身对一定环境的长期适应性有关。

因地制宜，选择适生植物种类 因地制宜，这在滨水绿地植物配置中显得尤为重要。因为水分因子决定了在植物选择方面的限制性和相对局限性。一般以陆地为主的地区，适合于高水位乃至于能够在水中生长的植物，没有陆地上的丰富，

这与近年来滨水绿地植物的选育相对滞后有关。但在很多地区，尤其是该地区的乡土植物中，适应这类绿地的植物种类还是很多的，应因地制宜并根据滨水绿地的地形、地质、气候、水文及人文、经济和社会等多方面综合要素及周围环境，在滨水绿地中应用好当地已有的自然资源，特别是适生的乡土植物，在尽可能减少工程量的前提下，体现地域特征（图11.12）。

复层种植突出自然，营造滨水绿地植物生态群落 滨水绿地植物配置以生态效益为首要目标，既要有较大的改善滨水绿地生态环境的作用，又要满足滨水绿地群落内植物健壮生长的生态要求。植物配置以多样的植物群落，能产生更好的滨水绿地植物生态环境景观为主要目的，同时要根据滨水绿地不同的环境条件而定，以结构与功能相统一、丰富多样的植物群落复层种植来满足滨水绿地不同的生态景观要求，建设多层次、多结构、多功能科学的植物群落。满足各种植物的生态要求，从而形成合理的时间结构、空间结构和营养结构，与周围环境组成和谐的统一体。

注重植物多样性，充分考虑景观效果和生态效应 滨水绿地植物配置以多样的植物群落，能产生更好的滨水绿地植物生态环境景观，在营造滨水绿地植物群落时应该表现植物群落的美感，发挥滨水绿地植物群落的景观功能和生态作用。滨水绿地植物配置要符合总体规划。滨水绿地景观通常包括水体、滨水绿化、护岸、建筑、小品，植物配置作为其中一个重要部分，需与其他各元素合理配置，与周围环境相协调。滨水绿地是一个有机整体，各景观组成要素互相关联，通过一种合理有序的组合方式构成一个完整的统一体，植物配置应综合考虑各个因素之间的关系，达到整体和谐的目标。

(2) 滨水绿地植物群落设计

在构建城市滨水绿地公园植物群落时，掌握各种植物的观赏性及造景功能，对植物的配置有整体的把握，根据美学原理和人们对群落的观赏要求进行合理配置，并要对所营造的植物群落的动态变化和季相景观具有较强的预见性，使城市滨水绿地公园植物群落在春夏秋冬具有不同的景观，以丰富群落的美感，提高滨水绿地植物群落的景观效果。同时要根据城市滨水绿地不同的环境条件而定，以结构与功能相统一、丰富多样的植物群落来满足城市滨水绿地公园不同的生态景观要求，建设多层次、多结构、多功能科学的植物群落，满足各种植物的生态要求，从而形成合理的时间结构、空间结构和营养结构，与周围环境组成和谐的统一体（图11.13、图11.14）。

乔、灌、草的植物群落组合 以耐水湿的乔木以及灌木、草本进行配置，利用植物的形态、季相进行滨水绿地植物景观的营造，以合理的垂直排列和空间组织形成成层性的植物配置，每一层包括一类或几类植物，其乔木层又可分为大乔、中乔和小乔等。从林冠线来看，以滨水绿地植物景观中高大的乔木层参差的树冠组成优美的天际线；从林缘来看，乔、灌、草高低错落，平稳过渡，自然衔接，形成了自然的林缘线。在滨水绿地的密林区多以乔、灌、草的均衡搭配，形成层次分明，比例协

12

13

14

图11.12 四川北路公园

图11.13 丰富的滨水绿地植物群落

图11.14 杭州西湖滨水植物群落设计

调，错落有致的植物群落，逐步丰富物种多样性，以营造乡野气息浓厚的滨水绿地原生自然景观。

乔、草的植物群落组合 利用乔、草组成的植物群落，主要靠草坪地被或鲜艳的草本花卉衬托乔木的群体美或个体美。滨水绿地中利用高大的乔木配以不同的草本花卉、地被植物，可营造空旷的植物空间景观，产生明朗、简单的视觉景观效果，并能形成良好的透景线。

乔、灌的植物群落组合 在滨水绿地植物配置中，以乔木与灌木相组合，能丰富滨水绿地植物景观的层次感，创造优美的林缘线，在配置时应注意乔、灌木树种的色彩搭配，突出观赏效果。也可以乔木为背景，前面栽植灌木以提高灌木的观赏效果，如常绿的乔木前用碧桃、海棠等花灌木配置，观赏效果十分显著；而另一方面灌木的配置也能更好地显示乔木的形态和姿色，使滨水绿地呈现变化丰富的优美景色。同时可以把分离的两组植物在视觉上联系起来，并能充分利用乔木下的空间。

灌、草的植物群落组合 在滨水绿地水际岸边利用不同色彩和形态的灌木和草本植物，可形成美丽的水面倒影，并可为陆地和水面起到自然过渡的作用。

(3) 滨水绿地植物景观设计

在滨水景观的设计中，绿化设计的应用可以从水边植物、道路、建筑小品的绿化几个方面讨论。

水边植物设计 平直的水面通过配置具有各种树形及线条的植物，可丰富景观画面。我国水边主张种植垂柳，形成柔条拂水、湖上新春的景色（图11.15）。此外，还可以种植落羽松、池杉、水杉及具有下垂气根的小叶榕。对于水边植物栽植的方式，探向水面的枝条，或平伸，或斜展，或拱曲，在水面上形成优美的线条。通过借景与透景的手法，利用树干、树冠框以对岸景点，留出透景线，引导游客很自然地步向水边欣赏对岸的景色（图11.16）。而驳岸的植物配置，则使山和水融成一体，又对水面空间的景观起着主导的作用。驳岸分为土岸、石岸、混凝土岸等，主要为自然式或规则式。自然式的土岸常在岸边打入树桩加固。自然式土岸边的植物配置最忌等距离，用同一树种，同样大小，甚至整形式修剪，绕岸栽植一圈。应结合地形、岸线，有近有远，有疏有密，有断有续，曲曲弯弯，自然成趣（图11.17）。为了引导游人到水边赏花，常种植大批宿根、球根花卉，如落新妇、围裙水仙、雪钟花、绵枣儿、报春属以及蓼科、天南星科、鸢尾属植物。红、白、蓝、黄等色五彩缤纷；为了引导人们临水倒影，则在岸边植以大量花灌木、树丛及姿态优美的孤立树，以变色叶树种为主，一年四季具有色彩。如早春可种植红色的山茶、红枫，黄色的迎春、黄菖蒲，白色的毛白杜鹃和芳香的含笑；夏有合欢；秋有桂花、枫香、鸡爪槭；冬有马尾松、杜英。四季常青，色香俱备。驳岸一般采用石岸或混凝土岸，规则式的石岸线条生硬、枯燥，柔软多变的植物枝条可补其拙；自然式的石岸线条丰富，优美的植物线条及色彩可增添景色与趣味。

简言之，植物是地域性自然景观的指示性元素，也是反映自然景观类型的最具代表性元素之一。在绿化种类上，发展丰富的、多层次的绿化体系，绿化系统中采用树、花、草并茂，并以树为主的原则，增强滨水绿化空间的层次感，使完整连续的滨水绿带既有统一的整体面貌，又有层次分明，富有变化的节奏感，增强滨水空间的视觉效果。以植物造景为主，适当配置游憩设施和有独特风格的

图11.15 岸际植物景观设计

图11.16 变化丰富的水岸

图11.17 日照银河公园

图11.18 南宁南湖广场

图11.19 苏州金鸡湖滨水公园

图11.20 滨水次园路设计

建筑小品，构成有韵律、连续性的优美彩带。使人们漫步在林荫下，临河垂钓，水中泛舟，充分享受大自然的气息。因此，植物景观设计成了现代景观中最重要的设计内容之一，它强调自然文化和植物景观结合的设计手法（图11.18）。

道路绿化设计　道路绿化是道路环境的重要组成部分，市民的交往空间。道路的类型多种多样，都应该在遵循生态学原理的基础上，根据美学特征和人的行为学原理来进行植物配置，体现各自的特色。

对于滨水区的道路绿化也分为主路、次路和小路。主路绿化常常代表绿地的形象和风格，植物配置应该引人入胜，形成与其定位一致的气势和氛围。如在主路上定距种植较大规格的高大乔木如悬铃木、香樟、杜英、榉树等，其下种植杜鹃、红花木、龙柏等整形灌木，节奏明快富有韵律，形成壮美的主路景观（图11.19）；次路是各区内的主要道路，一般宽2～3m；小路则是供游人在宁静的休息区中漫步，一般宽仅1～1.5m。绿地的次干道常常曲折复杂，植物配置也应以自然式为宜，沿路在视觉上应有疏有密，有高有低，有遮有敞（图11.20），形式上有草坪、花丛、灌丛、树丛、孤植树等，游人沿路散步可经过大草坪，也可在林下小憩或穿行在花丛中赏花。曲径通幽是中国传统园林中经常应用的造景手法，蜿蜒小径以竹为主，因为竹生长迅速、适应性强、常绿、清秀挺拔、具有文化内涵，至今仍可在现代绿地见到。

道路绿化中，滨水游憩绿地的设计日益被人们所重视，其主要功能是供人们游览、休息，同时可以有效地防止水土流失。根据其功能，游憩绿地集休闲、观赏于一体， 休闲绿地是服务于全体市民的，最接近市民的一种绿地形式，设计手法依自然地形、水岸线的曲折程度、所处的位置和功能要求，对于地势起伏大、岸线曲折变化多的地段采用自然式布置，而地势平坦，岸线整齐，又临近宽阔道路干线时则采用规则式布置（图11.21）。规则式布置的绿带多以草地、花坛为主，乔木多以孤植或对称种植为主。自然式布置的绿化带多以树丛为主。树木种类要常绿、落叶树合理搭配，高低错落，疏密相间，体现植物的多样性。

为了减少车辆对绿地的干扰，靠近车行道的一侧应种植一两行乔木或绿篱，形成绿化屏障，但为了使水面上的游人和对岸的行人看到沿街的建筑，应适当留出透视线，不要完全郁闭。道路靠水一侧原则上不种植成排乔木，其原因是影响景观视线，同时树木的根系生长会对驳岸造成损坏。道路内侧绿化宜疏植，树冠线要有起伏变化，植物配置应注重色彩、季节变化和水中倒影，要使岸上的游人看到水面的优美景色（图11.22）。同时水上的游人也能看到滨水绿带的景色和沿街的建筑，使水面景观与活动空间景观相互渗透，浑然一体。

滨水游憩绿地是城市的生态绿廊，具有生态效益和美化功能。多利用河、湖、海等水系沿岸用地，多呈带状分布，形成城市的滨水绿带。把滨水游憩绿地有机地纳入城市绿地系统之中，充分利用水体和临水道路，规划成带状临水绿地，点缀以园林小品和装饰小品，成为附近居民及游人的休息、娱乐、观光场所。

建筑小品绿化设计　在绿化设计中，许多建筑小品都是具备特定文化和精神内涵的功能实体，如装饰性小品中的雕塑物、景墙、铺地，在不同的环境背景下表达了特殊的作用和意义。这里的植物配置，应该通过选择合适的物种和配置方式来突出、衬托或者烘托小品本身的主旨和精神内涵。例如，冰裂纹铺地象征冬天的到来，在铺装周围的绿地区域中选择冬季季相特征的植物种植能够呼应小品的象征意义，如冬季开花的蜡梅、梅花、挂红果的南天竹、常青的松柏类、竹类植物，与冰裂纹铺地一起可以起到彼此呼应、相互融合体现景观所要表现的主题。

一般来说，建筑小品特别是体量较大的休息亭、长方形的坐凳、景墙等的轮廓线都比较生硬、平直，而植物以其优美的姿态、柔和的枝叶、丰富的自然颜色、多变的季相景观可以软化建筑小品的边界，丰富艺术构图，增添建筑小品的自然美，从而使整体环境显得和谐有序、动静皆宜（图11.23）。景墙、栏杆、道牙主要起到分隔和装饰的作用，在进行植物配置时常种植爬藤类、低矮地被植物使其自然攀缘，这样不仅柔化、覆盖、遮挡了建筑小品硬质的棱角线条，而且也美化了环境，为游人增添了亲近自然之趣。另外，建筑小品一般为淡色、灰色系列居多，而绿色的、色叶类的、带有各种花色和季相变化的植物和建筑小品的结合，可以弥补它们单调的色彩，为建筑小品的功能和内涵表现增添另一种语言的表达。

综上所述，滨水绿化设计的总体构思应尽可能扩大沿河绿化用地。绿地，代表着生命，被称为“城市之肺”，对改善城市生态环境具有非常重要的作用，同时还为市民提供户外休闲娱乐场所，给人类社会提供一个能够持续发展的空间，形成连续性绿化带（图11.24和图11.25），用绿色来勾画城市的轮廓，延续城市文脉。同时，以良好的绿色空间，优化环境景观质量，体现现代化大都市的新形象。

图11.21　广西南宁南湖滨水公园

图11.22　安徽省巢湖市滨水景观设计

图11.23　滨水公园中的建筑与水景之间的关系

图11.24　苏州金鸡湖滨水公园

图11.25　卢沟桥污水处理厂水景驳岸

21

22

23

24

25

11.3.2 道路设计

滨水道路是指在城区内外沿江、河、湖、海、溪等水系修建的道路，包括步行、车行道等。滨水景观道路的规划布置，因景观环境的不同，往往反映出不同的面貌和风格（图11.26），并因功能的区分，拥有特殊的形态和要求。滨水景观的特点使得景观道路本身也往往成为观赏对象，滨水步行道、车行道、驳岸等拥有道路功能的元素共同组成了道路系统。一般景观的景观道路分为以下几种类型：

主要道路 贯通整个景观，满足通行、生产、救护、消防、游览等功能，一般宽7～8m。

次要道路 沟通景区内各景观节点，通行轻型车辆及人力车，宽3～4m。

驳岸和各类广场。

休闲小径、步道 双人行走1.2～1.5m，单人0.6～1.0m。

滨水道路设计时要注意：避免多路交叉的复杂路况，造成导向不明；尽量正交。锐角过小，车辆不易转弯，人行要穿绿地；做到主次分明；在宽度、铺装、走向上应有明显区别，易于识别；道路在山坡时，坡度≥6°，要顺着等高线作盘山路状，考虑自行车时坡度≤8°，人行坡度≥10%时，要考虑设计台阶；考虑残疾人、老人、病人、儿童、女性多道路的使用要求；重视景观设施设计，包括路灯、路牌、候车亭、小品、雕塑、扶手栏杆设计等；提供舒适、方便、安全、吸引人的游览路径，增进人际交往；配置照度合理、节能、艺术效果独特的夜景灯光照明。

从类型上看，滨水道路的主要设计原则如下：

(1) 滨河步行道的设计原则

滨河步行道应以步行功能为主，也可以满足自行车等健身活动需要，但要以行人优先通行为原则，串联出入口、景观节点等各类空间。提供自行车行进的道路从安全的角度考虑应尽量不设小半径的弯道，或间隔设置自行车减速路障，邻近水体的步行道还需考虑禁止自行车驶入。场地条件允许和需要时，也可考虑地形将车行道与滨河步行道分设，步行者和骑车者互不干扰，相对安全。滨水路宽度根据地形，在斜坡角度较小时用绿地斜坡相连，坡度较大时，用石阶相互贯通（图11.27）。

(2) 驳岸的设计原则

通常为了保护江、河、湖岸免遭水体冲刷，需修建永固性驳岸，一般多采用坚硬石材或混凝土等材料（图11.28）。这些措施在起到防洪作用的同时，也产生了许多消极后果，大规模的防洪工程设施的修筑直接破坏了河岸植被赖以生存的基础，缺乏渗透性的水泥护堤隔断了护堤土体与其上部空间的水气交换和循环。采用的封闭硬质人工驳岸会改变自然形成的江河岸线的自然特征和重要生态功能，会使滨河区空间成为缺乏生活情趣的冷漠空间。所以应采用生态规划设计的手法弥补这些缺点，推广使用生态驳岸（图11.29）。

生态驳岸是指恢复后的自然河岸或具有自然河岸“可渗透性”的生态驳岸，它可以充分保证河岸与水体之间的水分交换和调节功能，同时具有一定

图11.26 日照银河公园道路铺装设计

图11.27 滨河步行道的硬质驳岸与绿化之间的关系

图11.28 驳岸设计

图11.29 生态驳岸设计

的抗洪强度。生态驳岸可采用石材干砌、混凝土预制构件、耐水木材和金属沉箱等进行构筑，并根据边线到路岸植物的生态习性，依次种植水生植物和耐水湿植物。这样既保持了自然岸线的通透性和水陆之间的水文联系，取得良好的固坡作用，也可以达到很好的景观和生态功能。

设计时可将驳岸与绿地紧密结合，以供游人休憩、赏景、垂钓、聚会；可修建小型广场或特色的平台供游人观景；可设游船码头或水上运动设施，并修建坡道或转折式台阶相连，以提供更多的休闲娱乐机会（图11.30）。一些突出水体岸线的半岛形地带，具有风景表现力和吸引游人的地方可以根据面积大小和需要布置雕塑、纪念碑、植物群落等具有特殊意义的建筑设施和广场（图11.31）。

11.3.3 公共设施设计

克莱尔（Rob Krier）认为："公共设施就是指城市内开放的用于室外活动的、人们可以感知的设施，它具有几何特征和美学质量，包括公共的、半公共的供内部使用的设施。"公共设施是景观环境的重要内容，一般包括坐椅、灯柱、树池（图11.32）、花架、宣传栏、景墙、栏杆……随着社会的发展，公共设施的品种和数量也会越来越多，它们的特性是既要满足功能，也要具有艺术审美价值（图11.33）。根据色彩、质感、肌理、尺度、造型的特点，结合合理的布置，可使空间的趋向及层次更加明确和丰富，色彩更富于变化。对于滨水景观，细部设计关系到整体品质，合理、协调、美观、充满人性关怀的细节设计，在滨水环境中能起到画龙点睛的作用。

滨水空间环境设施的设计可以遵循以下原则：

(1) 材料天然

即采用天然的材料，最好使用原有地区的材料或工程废弃材料，进行建造。努力保持纯自然、原生态、很协调的环境状态（图11.34）。

(2) 风格统一

滨水景观环境不但要在设计风格方面取得统一，更要与城市的气氛和性格取得统一，与周边环境的风格和文脉相统一（图11.35）。

(3) 环保

滨水景观中往往会修建大量的公共设施，建造材料的选择和应用通常是高造价和大浪费的重要因素，要发挥景观环境应有的社会效益，应加大在公共设施中使用循环、环保材料，特别应加强能产生环境生态效应的功能性景观设计。

(4) 人性化

人性化的公共设施的设计，应该充分满足各类人群的需要。不同的人群有着不同的行为方式与心

图11.30　驳岸设计

图11.31　小码头设计

图11.32　景观树池

图11.33　民俗气息浓郁的道路入口标识

图11.34　天然石材打造的园路

30　苏州金鸡湖公园亲水栈道设计

亲水平台设计

月圆园的环境雕塑

31

32

33

34

理状况，兼顾不同使用人群的需要，使他们在使用设施时感到方便快捷、安全舒适，是设计师应该考虑的要素（图11.36）。设计师应具有人文关怀的精神。

11.3.4 滨水环境景观标识设计

凯文·林奇指出："地界标识"是城市的5个重要意象之一，发挥着增强城市结构和环境可识别性的重要作用。今天城市景观标识得到了广泛的重视，在景观大环境之中，表现出内容、性质、方向、原则及形象等多层次功能。

景观标识因其功能、作用的体现，具有以下4个特性，即独特性、概括性、图形性、系统性。

(1) 独特性

景观标识应根据环境特征具体设计，在与整体环境协调的情况下，显现个性，创造良好的注视效果，展现视觉美感。今天我国的城市景观面貌有了巨大的变化，各种景观标识在环境基础建设中被大量运用，但仍然存在许多不尽如人意之处。特别是千篇一律、简单雷同、缺乏文化特性、图形造型粗糙等问题非常典型，将高环境景观标识作为一个系统，提升整体设计水平和质量势在必行。

(2) 概括性

处于环境中的人对于景观标识通常是被动接受，因此概括性的图形、突出的特征、清晰的说明对吸引人们的关注才能产生有效的作用。繁琐的画面、冗长的内容、灰暗陈旧的色调，因为不易被行人注意，而不能发挥应有的功效。

(3) 图形性

图形性是景观标识设计中的一个重要原则，整个画面乃至整个设施都应尽可能图形化，设计时要独具匠心，力图给观众留下深刻的印象和充分的想象空间。图形形象的繁杂会给观看者紊乱的感觉，而画面越单纯，人们的注意值也就越高，这正是图形性的特别作用。

(4) 系统性

所有景观环境中的标识都是一个系统，它们与景观环境一起具有共同的存在目标和价值。景观标识虽小，但设计者在进行景观标识设计时，通过调查、分析、预测等行为，在图形、语言、色彩、对象、宣传等层面统一思路、统一宏观与细节，配合整体规划理念，对于实现人性化关怀有着润物无声的意义和作用。

环境设施和环境标识应加强后期管理，设计师可配合相关机构加强宣传力度，爱护景观环境中的公共标识和设施。

35

36

图11.35　日本太宰府电话亭

图11.36　户外的遮雨设施

参考文献

艾伦 · 泰特. 2005. 城市公园设计[M]. 北京：中国建筑工业出版社.

白德懋. 1993. 居住区规划与环境设计[M]. 北京：中国建筑工业出版社.

白德懋. 2002. 城市空间环境设计[M]. 北京：中国建筑工业出版社.

陈六汀, 梁梅. 2004. 景观艺术设计[M]. 北京：中国纺织出版社.

城市道路绿化规划与设计规范 (CJJ75－1997). 1997. 北京：中国建筑工业出版社.

城市道路设计规划 (CJJ37－1990). 1998. 北京：中国建筑工业出版社.

方咸孚, 李海涛. 2000. 居住区的绿化模式[M]. 天津：天津大学出版社.

封云, 林磊. 2004. 公园绿地规划设计[M]. 北京：中国林业出版社.

冯炜, 李开然. 2004. 现代景观设计教程[M]. 杭州：中国美术学院出版社.

公园设计规范 (CJJ48－1992). 1992. 北京：中国建筑工业出版社.

洪得娟. 1999. 景观建筑[M]. 上海：同济大学出版社.

黄晓鸾. 1994. 居住区环境设计[M]. 北京：中国建筑工业出版社.

金涛, 杨永胜. 2003. 居住区环境景观设计与营建[M]. 北京：中国城市出版社.

景观设计编辑部. 2004. 景观设计[M]. 大连：大连理工大学出版社.

李德华. 2001. 城市规划原理[M]. 北京：中国建筑工业出版社.

梁永基, 王莲清. 2000. 道路广场园林绿地设计[M]. 北京：中国林业出版社.

林俊英, 曾鼎承. 自然生态的道路绿化设计——以深圳市滨海大道景观设计为例(J). 风景园林2006(1): 70-75.

林其彪, 林燕, 赵维稚. 2000. 住宅人居环境设计[M]. 广州：华南理工大学出版社.

刘滨谊. 2002. 城市道路景观规划设计[M]. 南京：东南大学出版社.

刘福智, 等. 2006. 景园规划与设计[M]. 北京：机械工业出版社.

刘蔓. 2000. 景观艺术设计[M]. 重庆：西南师范大学出版社.

刘少宗, 等. 1981. 城市街道绿化设计[M]. 北京：中国建筑工业出版社.

刘文军, 韩寂. 1999. 建筑小环境设计[M]. 上海：同济大学出版社.

刘延枫, 肖敦余. 2001. 底层居住群空间环境规划设计[M]. 天津：天津大学出版社.

吕元. 2001. 城市道路景观设计[D]. 北京：北京工业大学.

麦克哈格 L. 1992. 设计结合自然[M]. 芮经纬, 译. 北京：中国建筑工业出版社.

孟刚等. 2003. 城市公园设计[M]. 上海：同济大学出版社.

庞伟等. 2003. 足下文化与野草之美——产业用地再生设计探索岐江公园案例[M]. 北京：中国建筑工业出版社.

单虎. 2001. 城市景观道路空间形态设计研究[D]. 合肥：合肥工业大学.

苏雪痕. 2001. 植物造景[M]. 北京：中国林业出版社.

孙城后. 1998. 城市景观设计[M]. 哈尔滨：黑龙江科学技术出版社.

同济大学建筑系园林教研室. 2000. 公园规划与建筑图集[M]. 北京：中国建筑工业出版社.

日本土木学会. 2002. 道路景观设计[M]. 章俊华, 陆伟, 雷芸译. 北京：中国建筑工业出版社.
王浩, 等. 2001. 城市道路绿地景观设计[M]. 南京：东南大学出版社.
王浩, 等. 2003. 道路绿地景观规划设计[M]. 南京：东南大学出版社.
王建国. 1999. 城市设计[M]. 南京：东南大学出版社.
王涛. 2003. 城市公园景观设计研究[D]. 西安：西安建筑科技大学.
王炜. 2006. 彰显古都风貌改善城市景观[D]. 西安：西安建筑科技大学.
王向荣, 林箐. 2003. 欧洲新景观[M]. 南京：东南大学出版社.
王晓俊. 2000. 西方现代园林设计[M]. 南京：东南大学出版社.
王玉晶. 2003. 城市公园植物造景[M]. 沈阳：辽宁科学技术出版社.
文国玮. 2001. 城市交通与道路系统规划[M]. 北京：清华大学出版社.
吴为廉. 1996. 景园建筑工程规划与设计（上、下册）[M]. 上海：同济大学出版社.
徐华. 2003. 杭州城市道路绿地景观规划设计初探[D]. 杭州：浙江大学.
徐磊青, 杨公侠. 2002. 环境心理学[M]. 上海：同济大学出版社.
杨赉丽. 2000. 城市园林绿地规划[M]. 北京：中国林业出版社.
尹安石. 2006. 城市环境景观设计[M]. 北京：中国林业出版社.
俞孔坚. 1998. 景观、文化与生态[M]. 北京：科学出版社.
张红娟. 2004. 武汉城市道路绿地景观现状分析及规划设计研究[D]. 武汉：武汉大学.
章俊华, 任位棣. 2001. 居住区景观设计[M]. 北京：中国建筑工业出版社.
郑宏. 2006. 环境景观设计[M]. 北京：中国建筑工业出版社.
中国建筑装饰协会. 2006. 景观设计师培训考试教材[M]. 北京：中国建筑工业出版社.
周俭. 1999. 城市住宅区规划原理[M]. 上海：同济大学出版社.
朱家瑾. 2000. 居住区规划设计[M]. 北京：中国建筑工业出版社.
Leonard E Phillips. 2003. 公园设计与管理[M]. 北京：机械工业出版社.